中文版
CorelDRAW X6
基础培训教程
（第2版）

数字艺术教育研究室 编著

人民邮电出版社
北京

图书在版编目（CIP）数据

中文版CorelDRAW X6基础培训教程 / 数字艺术教育
研究室编著. -- 2版. -- 北京 : 人民邮电出版社，
2018.5
ISBN 978-7-115-45967-1

Ⅰ. ①中… Ⅱ. ①数… Ⅲ. ①图形软件－技术培训－
教材 Ⅳ. ①TP391.413

中国版本图书馆CIP数据核字(2018)第047084号

内 容 提 要

本书全面系统地介绍了 CorelDRAW X6 的基本操作方法和矢量图形的制作技巧，包括初识 CorelDRAW X6、绘制和编辑图形、绘制和编辑曲线、编辑轮廓线与填充颜色、排列和组合对象、编辑文本、编辑位图、应用特殊效果、商业案例实训等内容。

本书内容均以课堂案例为主线，通过对各案例的实际操作，读者可以快速上手，熟悉软件功能和艺术设计思路。书中的软件功能解析部分使读者能够深入学习软件功能。课堂练习和课后习题，可以拓展读者的实际应用能力，提高读者的软件使用技巧。商业案例实训，可以帮助读者快速地掌握商业图形的设计理念和设计元素，以顺利达到实战水平。

下载资源中包括书中所有案例的素材及效果文件，读者可通过在线方式获取这些资源，具体方法请参看本书前言。同时，读者除了可以通过扫描书中二维码观看当前案例视频外，还可以扫描前言的"在线视频"二维码观看本书所有案例视频。

本书适合作为院校和培训机构艺术专业课程的教材，也可作为 CorelDRAW X6 自学人员的参考用书。

◆ 编　著　数字艺术教育研究室
　　责任编辑　张丹丹
　　责任印制　陈　犇

◆ 人民邮电出版社出版发行　　北京市丰台区成寿寺路 11 号
　　邮编　100164　电子邮件　315@ptpress.com.cn
　　网址　https://www.ptpress.com.cn
　　北京九州迅驰传媒文化有限公司印刷

◆ 开本：787×1092　1/16
　　印张：18.25　　　　　　　　　2018 年 5 月第 2 版
　　字数：526 千字　　　　　　　2024 年 12 月北京第 22 次印刷

定价：49.90 元

读者服务热线：(010)81055410　印装质量热线：(010)81055316
反盗版热线：(010)81055315
广告经营许可证：京东市监广登字 20170147 号

前　言

CorelDRAW 是由 Corel 公司开发的矢量图形处理和编辑软件，它功能强大、易学易用，深受图形图像处理爱好者和平面设计人员的喜爱，已成为这一领域非常流行的软件。目前，我国很多院校和培训机构的艺术专业，都将 CorelDRAW 作为一门重要的专业课程。为了帮助院校和培训机构的教师比较全面、系统地讲授这门课程，使读者能够熟练地使用 CorelDRAW 进行设计创意，数字艺术培训研究室组织院校从事 CorelDRAW 教学的教师和专业平面设计公司经验丰富的设计师共同编写了本书。

我们对本书的编写体系做了精心的设计，按照"课堂案例－软件功能解析－课堂练习－课后习题"这一思路进行编排。通过课堂案例演练使读者快速熟悉软件功能和艺术设计思路，通过软件功能解析使读者深入学习软件功能和制作特色，通过课堂练习和课后习题，拓展读者的实际应用能力。

在内容编写方面，我们力求通俗易懂、细致全面；在文字叙述方面，我们注意言简意赅、重点突出；在案例选取方面，我们强调案例的针对性和实用性。

本书附带下载资源，内容包括书中所有案例的素材及效果文件。读者在学完本书内容以后，可以调用这些资源进行深入练习。这些学习资源文件均可在线下载，扫描"资源下载"二维码，关注我们的微信公众号即可获得资源文件下载方式。另外，购买本书作为授课教材的教师也可以通过该方式获得教师专享资源，其中包括教学大纲、备课教案、教学 PPT，以及课堂案例、课堂练习和课后习题的教学视频等相关教学资源包。如需资源下载技术支持，请致函 szys@ptpress.com.cn。同时，读者除了可以通过扫描书中二维码观看当前案例视频外，还可以扫描"在线视频"二维码观看本书所有案例视频。本书的参考学时为 58 学时，其中实践环节为 24 学时，各章的参考学时参见下面的学时分配表。

章	课 程 内 容	学 时 分 配	
		讲授（学时）	实训（学时）
第 1 章	初识 CorelDRAW X6	2	
第 2 章	绘制和编辑图形	4	3
第 3 章	绘制和编辑曲线	4	2
第 4 章	编辑轮廓线与填充颜色	4	3
第 5 章	排列和组合对象	3	2
第 6 章	编辑文本	4	3
第 7 章	编辑位图	3	2
第 8 章	应用特殊效果	4	3
第 9 章	商业案例实训	6	6
学 时 总 计		34	24

由于时间仓促，作者水平有限，书中难免存在纰漏，敬请广大读者批评指正。

作　者
2018 年 3 月

目　录

1

第**1**章 初识 CorelDRAW X6

本章介绍

CorelDRAW X6 的基础知识和基本操作是软件学习的基础。本章将主要介绍 CorelDRAW X6 的工作环境、文件的操作方法、页面布局的编辑方法和图形图像的基础知识。通过对本章的学习，读者可以达到初步认识和简单使用这一创作工具的目的，为后期的设计制作工作打下坚实的基础。

学习目标

● 熟悉 CorelDRAW X6 中文版的工作界面。

● 熟练掌握文件的基本操作。

● 掌握页面布局的设置。

● 了解图形和图像的基础知识。

技能目标

● 了解 CorelDRAW X6 中文版工作界面的各个组成部分。

● 熟练掌握文件的基础操作。

● 熟练设置页面大小、标签、背景以及插入、删除与重命名页面。

● 能够根据图片正确识别矢量图、位图以及文件格式。

1.1 CorelDRAW X6 中文版的工作界面

本节将介绍 CorelDRAW X6 中文版的工作界面，并简单介绍 CorelDRAW X6 中文版的菜单、工具栏、工具箱及泊坞窗。

1.1.1 工作界面

CorelDRAW X6 中文版的工作界面主要由"标题栏""菜单栏""标准工具栏""工具箱""标尺""绘图页面""页面控制栏""状态栏""属性栏""调色板""泊坞窗"等部分组成，如图 1-1 所示。

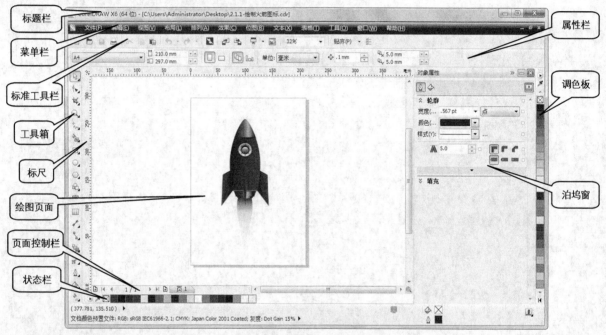

图 1-1

标题栏：用于显示软件和当前操作文件的文件名，还可以调整 CorelDRAW X6 中文版窗口的大小。

菜单栏：集合了 CorelDRAW X6 中文版中的所有命令，并将它们分门别类地放置在不同的菜单中，供用户选择使用。执行 CorelDRAW X6 中文版菜单中的命令是基本的操作要求。

标准工具栏：提供了常用的几种操作按钮，可使用户轻松地完成几个基本的操作任务。

工具箱：分类存放着 CorelDRAW X6 中文版中常用的工具，这些工具可以帮助用户完成各种工作。使用工具箱可以大大简化操作步骤，提高工作效率。

标尺：用于度量图形的尺寸并对图形进行定位，是进行平面设计工作不可或缺的辅助工具。

绘图页面：指绘图窗口中带矩形边沿的区域，只有此区域内的图形能被打印出来。

页面控制栏：可以用于创建新页面并显示 CorelDRAW X6 中文版中文档各页面的内容。

状态栏：可以为用户提供有关当前操作的各种提示信息。

属性栏：显示了所绘制图形的信息，并提供了一系列可对图形进行相关修改操作的工具。

调色板：可以直接对所选定的图形或图形边缘的轮廓线进行颜色填充。

泊坞窗：这是 CorelDRAW X6 中文版中最具特色的窗口，因它可放在绘图窗口边缘而得名。它提供了许多常用的功能，使用户在创作时更加得心应手。

1.1.2　使用菜单

CorelDRAW X6 中文版的菜单栏包含"文件""编辑""视图""布局""排列""效果""位图""文本""表格""工具""窗口""帮助"等几个大类，如图 1-2 所示。

图 1-2

单击每一类的按钮都将弹出下拉菜单。如单击"编辑"按钮，将弹出如图 1-3 所示的"编辑"下拉菜单。

最左边为图标，它和工具栏中具有相同功能的图标一致，便于用户记忆和使用。

最右边显示的组合键则为操作快捷键，便于用户提高工作效率。

某些命令后带有▶按钮，表明该命令还有下一级菜单，将光标停放在其上即可弹出下拉菜单。

某些命令后带有…按钮，单击该命令即可弹出对话框，允许对其进行进一步设置。

此外，"编辑"下拉菜单中有些命令呈灰色状，表明该命令当前还不可使用，进行一些相关的操作后方可使用。

图 1-3

1.1.3　使用工具栏

在菜单栏的下方通常是工具栏，CorelDRAW X6 中文版的"标准"工具栏如图 1-4 所示。

图 1-4

这里存放了常用的命令按钮，如"新建""打开""保存""打印""剪切""复制""粘贴""撤销""恢复""导入""导出""应用程序启动器""欢迎屏幕""缩放级别""贴齐"和"选项"等。它们可以使用户便捷地完成以上这些基本的操作动作。

此外，CorelDRAW X6 中文版还提供了其他一些工具栏，用户可以在"选项"对话框中选择它们。选择"窗口 > 工具栏 > 文本"命令，则可显示"文本"工具栏，"文本"工具栏如图 1-5 所示。

图 1-5

选择"窗口 > 工具栏 > 变换"命令，则可显示"变换"工具栏，"变换"工具栏如图 1-6 所示。

图 1-6

1.1.4　使用工具箱

CorelDRAW X6 中文版的工具箱中放置着在绘制图形时常用到的一些工具，这些工具是每一个软件使用者都必须掌握的基本操作工具。CorelDRAW X6 中文版的工具箱如图 1-7 所示。

在工具箱中，依次分类排放着"选择"工具、"形状"工具、"裁剪"工具、"缩放"工具、"手绘"工具、"智能填充"工具、"矩形"工具、"椭圆形"工具、"多边形"工具、"基本形状"工具、"文本"工具、"表格"工具、"平行度量"工具、"直线连接器"工具、"调和"工具、"颜色滴管"工具、"轮廓笔"工具、"填充"工具和"交互式填充"工具等。

其中，有些工具按钮带有小三角标记◢，表明其还有展开工具栏，用鼠标单击即可展开。例如，单击"调和"工具，将展开工具栏，如图 1-8 所示。

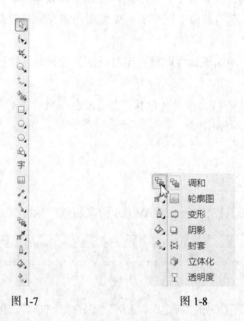

图 1-7　　　　　　　　　　　图 1-8

1.1.5　使用泊坞窗

CorelDRAW X6 中文版的泊坞窗，是一个十分有特色的窗口。当打开这一窗口时，它会停靠在绘图窗口的边缘，因此被称为"泊坞窗"。选择"窗口 > 泊坞窗 > 对象属性"命令，或按 Alt+Enter 组合键，即可弹出图 1-9 右侧所示的"对象属性"泊坞窗。

还可以将泊坞窗拖曳出来，放在任意的位置，并可通过单击窗口右上角的和按钮将窗口卷起或放下，如图 1-10 所示。因此，它又被称为"卷帘工具"。

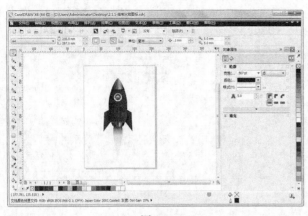

图 1-9

图 1-10

CorelDRAW X6 中文版泊坞窗的列表，位于"窗口 > 泊坞窗"子菜单中。可以选择"泊坞窗"下的各个命令来打开相应的泊坞窗。用户可以打开一个或多个泊坞窗，当几个泊坞窗都打开时，除了活动的泊坞窗之外，其余的泊坞窗将沿着泊坞窗的边沿以标签形式显示，效果如图 1-11 所示。

图 1-11

1.2　文件的基本操作

掌握一些基本的文件操作方法，是开始设计和制作作品所必需的。下面，将介绍 CorelDRAW X6 中文版的一些基本操作。

1.2.1　新建和打开文件

1. 使用 CorelDRAW X6 启动时的欢迎窗口新建和打开文件

启动软件时的欢迎窗口如图 1-12 所示。单击"新建空白文档"图标，可以建立一个新的文档；单击"从模板新建"图标，可以使用系统默认的模板创建文件；单击"打开其他文档"按钮，弹出如图 1-13 所示的"打开绘图"对话框，可以从中选择要打开的图形文件；单击"打开最近用过的文档"下方的文件名，可以打开最近编辑过的文件，在左侧的"最近用过的文档的预览"框中显示选中文件的效果图，在"文档信息"框中显示文件名称、文件创建时间和位置、文件大小等信息。

图 1-12

图 1-13

2．使用命令和快捷键新建和打开文件

选择"文件 > 新建"命令，或按 Ctrl+N 组合键，可新建文件。选择"文件 > 从模板新建"或"打开"命令，或按 Ctrl+O 组合键，可打开文件。

3．使用标准工具栏新建和打开文件

也可以使用 CorelDRAW X6 标准工具栏中的"新建"按钮 和"打开"按钮 来新建和打开文件。

1.2.2 保存和关闭文件

1．使用命令和快捷键保存文件

选择"文件 > 保存"命令，或按 Ctrl+S 组合键，可保存文件。选择"文件 > 另存为"命令，或按 Ctrl+Shift+S 组合键，可更名保存文件。

如果是第一次保存文件，在执行上述操作后，会弹出如图 1-14 所示的"保存绘图"对话框。在该对话框中，可以设置"文件名""保存类型"和"版本"等保存选项。

2．使用标准工具栏保存文件

使用 CorelDRAW X6 标准工具栏中的"保存"按钮 来保存文件。

3．使用命令和快捷键按钮关闭文件

选择"文件 > 关闭"命令，或按 Alt+F4 组合键，或单击绘图窗口右上角的"关闭"按钮 ，可关闭文件。

此时，如果文件未保存，将弹出如图 1-15 所示的提示框，询问用户是否保存文件。单击"是"按钮，则保存文件；单击"否"按钮，则不保存文件；单击"取消"按钮，则取消以前的操作。

图 1-14

图 1-15

1.2.3　导出文件

1. 使用命令和快捷键导出文件

选择"文件 > 导出"命令，或按 Ctrl+E 组合键，弹出如图 1-16 所示的"导出"对话框。在该对话框中，可以设置"文件路径""文件名""保存类型"等。

图 1-16

2. 使用标准工具栏导出文件

使用 CorelDRAW X6 标准工具栏中的"导出"按钮 也可以将文件导出。

1.3　设置页面布局

利用"选择"工具属性栏可以轻松地进行 CorelDRAW X6 版面的设置。选择"选择"工具 ，选择"工具 > 选项"命令，单击标准工具栏中的"选项"按钮 ；或按 Ctrl+J 组合键，弹出"选项"对话框。在该对话框中单击"自定义 > 命令栏"选项，再勾选"属性栏"选项，如图 1-17 所示；然后单击"确定"按钮，则可显示如图 1-18 所示的"选择"工具属性栏。

在属性栏中，可以设置纸张的类型、大小、高度、宽度和放置方向等。

图 1-17

图 1-18

1.3.1　设置页面大小

利用"布局"菜单下的"页面设置"命令，可以进行更详细的设置。选择"布局 > 页面设置"命令，弹出"选项"对话框，如图 1-19 所示。

在"页面尺寸"选项栏中对版面纸张类型、大小和放置方向等进行设置，还可设置页面出血、分辨率等。

选择"布局"选项，则"选项"对话框如图 1-20 所示，可从中选择版面的样式。

图 1-19

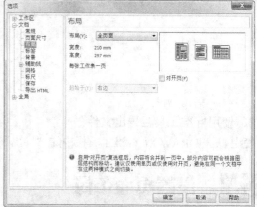

图 1-20

1.3.2　设置页面标签

选择"标签"选项，则"选项"对话框如图 1-21 所示，这里汇集了由 40 多家标签制造商设计的 800 多种标签格式供用户选择。

图 1-21

1.3.3　设置页面背景

选择"背景"选项，则"选项"对话框如图 1-22 所示，可以从中选择纯色或位图图像作为绘图页面的背景。

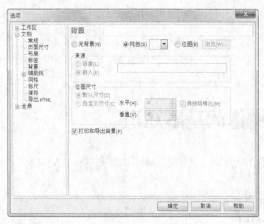

图 1-22

1.3.4　插入、删除与重命名页面

1．插入页面

选择"布局 > 插入页"命令，弹出如图 1-23 所示的"插入页面"对话框。在该对话框中，可以设置插入的页面数目、位置、大小和方向等。

在 CorelDRAW X6 状态栏的页面标签上单击鼠标右键，弹出如图 1-24 所示的快捷菜单，在菜单中选择插入页的命令，即可插入新页面。

图 1-23

图 1-24

2．删除页面

选择"布局 > 删除页面"命令，弹出如图 1-25 所示的"删除页面"对话框。在该对话框中，可以设置要删除的页面序号，另外，还可以同时删除多个连续的页面。

3．重命名页面

选择"布局 > 重命名页面"命令，弹出图 1-26 所示的"重命名页面"对话框。在该对话框中的"页名"选项中输入名称，单击"确定"按钮，即可重命名页面。

图 1-25   图 1-26

1.4 图形和图像的基础知识

如果想要应用好 CorelDRAW X6，就需要对图像的种类、色彩模式及文件格式有所了解和掌握。下面将进行详细的介绍。

1.4.1 位图与矢量图

在计算机中，图像文件可以分为两大类：位图图像和矢量图形。在绘图或处理图像的过程中，这两种类型的图像可以相互交叉使用。位图图像效果如图 1-27 所示，矢量图形效果如图 1-28 所示。

图 1-27   图 1-28

位图图像也叫点阵图像，是由许多单独的小方块组成的，这些小方块称为像素点。每个像素点都有特定的位置和颜色值，位图图像的显示效果与像素点是紧密联系在一起的，不同排列和着色的像素点组合在一起构成了一幅色彩丰富的图像。像素点越多，图像的分辨率越高，相应地，图像文件的数据量也会越大。因此，处理位图图像时，对计算机硬盘和内存的要求也较高。同时由于位图本身的特点，图像在缩放和旋转变形时会产生失真的现象。

矢量图形也叫向量图形，是一种基于图形的几何特性来描述的图像。矢量图中的各种图形元素称为对象，每一个对象都是独立的个体，都具有大小、颜色、形状和轮廓等属性。矢量图像在缩放时不会产生失真的现象，并且它的文件占用的内存空间较小。这种图像的缺点是不易制作色彩丰富的图像，无法像位图图像那样精确地描绘各种绚丽的色彩。

这两种类型的图像各具特色，也各有优缺点，并且两者之间具有良好的互补性。因此，在图像处理和绘制图形的过程中，将这两种图像交互使用，取长补短，一定能使创作出来的作品更加完美。

1.4.2 色彩模式

CorelDRAW X6 提供了多种色彩模式,这些色彩模式提供了把色彩协调一致地用数值表示的方法,这些色彩模式是使设计制作的作品能够在屏幕和印刷品上成功表现的重要保障。在这些色彩模式中,经常使用到的有 RGB 模式、CMYK 模式、Lab 模式、HSB 模式以及灰度模式等。每种色彩模式都有不同的色域,读者可以根据需要选择合适的色彩模式,并且各个模式之间可以互相转换。

1. RGB 模式

RGB 模式是工作中使用非常广泛的一种色彩模式。RGB 模式是一种加色模式,它通过红、绿、蓝 3 种色光相叠加而形成更多的颜色。同时 RGB 也是色光的彩色模式,一幅 24 bit 的 RGB 图像有 3 个色彩信息的通道:红色(R)、绿色(G)和蓝色(B)。

每个通道都有 8 位的色彩信息——一个 0～255 的亮度值色域。RGB 3 种色彩的数值越大,颜色就越浅,如 3 种色彩的数值都为 255 时,颜色被调整为白色;RGB 3 种色彩的数值越小,颜色就越深,如 3 种色彩的数值都为 0 时,颜色被调整为黑色。

3 种色彩的每一种色彩都有 256 个亮度水平级。3 种色彩相叠加,可以有 256×256×256=1670 万种可能的颜色。这 1670 万种颜色足以表现出这个绚丽多彩的世界。用户使用的显示器就是 RGB 模式的。

选择 RGB 模式的操作步骤:选择"填充"工具 ◇,展开式工具栏中的"均匀填充",或按 Shift+F11 组合键,弹出"均匀填充"对话框,选择"RGB"颜色模式,如图 1-29 所示。在该对话框中设置 RGB 颜色值。

在编辑图像时,RGB 色彩模式应是最佳的选择。因为它可以提供全屏幕的多达 24 位的色彩范围,一些计算机领域的色彩专家称为"True Color"真彩显示。

2. CMYK 模式

CMYK 模式在印刷时应用了色彩学中的减法混合原理,它通过反射某些颜色的光并吸收另外一些颜色的光来产生不同的颜色,是一种减色色彩模式。CMYK 代表了印刷上用的 4 种油墨色:C 代表青色,M 代表洋红色,Y 代表黄色,K 代表黑色。CorelDRAW X6 默认状态下使用的就是 CMYK 模式。

CMYK 模式是图片和其他作品中最常用的一种印刷方式。这是因为在印刷中通常都要进行四色分色,出四色胶片,然后进行印刷。

选择 CMYK 模式的操作步骤:选择"填充"工具 ◇,展开式工具栏中的"均匀填充",弹出"均匀填充"对话框,选择"CMYK"颜色模式,如图 1-30 所示。在该对话框中设置 CMYK 颜色值。

图 1-29

图 1-30

3. Lab 模式

Lab 是一种国际色彩标准模式，它由 3 个通道组成：一个通道是透明度，即 L；其他两个是色彩通道，即色相和饱和度，用 a 和 b 表示。a 通道包括的颜色值从深绿到灰，再到亮粉红色；b 通道是从亮蓝色到灰，再到焦黄色。这些色彩混合后将产生明亮的色彩。

选择 Lab 模式的操作步骤：选择"填充"工具 ，展开式工具栏中的"均匀填充"，弹出"均匀填充"对话框，选择"Lab"颜色模式，如图 1-31 所示。在该对话框中设置 Lab 颜色值。

Lab 模式理论上包括了人眼可见的所有色彩，它弥补了 CMYK 模式和 RGB 模式的不足。在这种模式下，图像的处理速度比在 CMYK 模式下快数倍，与 RGB 模式的速度相仿，而且在把 Lab 模式转成 CMYK 模式的过程中，所有的色彩都不会丢失或被替换。事实上，在将 RGB 模式转换成 CMYK 模式时，Lab 模式一直扮演着中介者的角色。也就是说，RGB 模式先转成 Lab 模式，然后转成 CMYK 模式。

4. HSB 模式

HSB 模式是一种更直观的色彩模式，它的调色方法更接近人的视觉原理，在调色过程中更容易找到需要的颜色。

H 代表色相，S 代表饱和度，B 代表亮度。色相的意思是纯色，即组成可见光谱的单色。红色为 0 度，绿色为 120 度，蓝色为 240 度。饱和度代表色彩的纯度，饱和度为零时即为灰色，黑、白两种色彩没有饱和度。亮度是色彩的明亮程度，最大亮度是色彩最鲜明的状态，黑色的亮度为 0。

进入 HSB 模式的操作步骤：选择"填充"工具 ，展开式工具栏中的"均匀填充"，弹出"均匀填充"对话框，选择"HSB"颜色模式，如图 1-32 所示。在该对话框中设置 HSB 颜色值。

图 1-31　　　　　　　　　　　　　　图 1-32

5. 灰度模式

灰度模式形成的灰度图又叫 8bit 深度图。每个像素用 8 个二进制位表示，能产生 2^8 即 256 级灰色调。当彩色文件被转换为灰度模式文件时，所有的颜色信息都将从文件中丢失。尽管 CorelDRAW X6 允许将灰度文件转换为彩色模式文件，但不可能将原来的颜色完全还原。所以，当要转换灰度模式时，请先做好图像的备份。

像黑白照片一样，灰度模式的图像只有明暗值，没有色相和饱和度这两种颜色信息。0 代表黑，100%代表白。

将彩色模式转换为双色调模式时，必须先转换为灰度模式，然后由灰度模式转换为双色调模式。在制作黑白印刷品时会经常使用灰度模式。

进入灰度模式的操作步骤：选择"填充"工具 ，展开式工具栏中的"均匀填充"，弹出"均匀填充"对话框，选择"灰度"颜色模式，如图 1-33 所示。在该对话框中设置灰度值。

图 1-33

1.4.3　文件格式

CorelDRAW X6 中有 20 多种文件格式可供选择。在这些文件格式中，既有 CorelDRAW X6 的专用格式，也有用于应用程序交换的文件格式，还有一些比较特殊的格式。

CDR 格式：CDR 格式是 CorelDRAW X6 的专用图形文件格式。由于 CorelDRAW X6 是矢量图形绘制软件，所以 CDR 可以记录文件的属性、位置和分页等。但它在兼容度上比较差，所有 CorelDRAW X6 应用程序中均能够使用，但其他图像编辑软件无法打开此类文件。

AI 格式：AI 是一种矢量图片格式。是 Adobe 公司 Illustrator 软件的专用格式。它的兼容度比较高，可以在 CorelDRAW X6 中打开，也可以将 CDR 格式的文件导出为 AI 格式。

TIF（TIFF）格式：TIF 是标签图像格式。TIF 格式对于色彩通道图像来说是最有用的格式，具有很强的可移植性，它可以用于 PC、Macintosh 以及 UNIX 工作站三大平台，是这三大平台上使用最广泛的绘图格式。用 TIF 格式存储时应考虑到文件的大小，因为 TIF 格式的结构要比其他格式更大更复杂。TIF 格式支持 24 个通道，能存储多于 4 个通道的文件格式。TIF 格式非常适合于印刷和输出。

PSD 格式：PSD 格式是 Photoshop 软件自身的专用文件格式。PSD 格式能够保存图像数据的细小部分，如图层、附加的遮膜通道等 Photoshop 对图像进行特殊处理的信息。在没有最终决定图像的存储格式前，最好先以 PSD 格式存储。另外，Photoshop 打开和存储 PSD 格式的文件较其他格式更快。但是 PSD 格式也有缺点，存储的图像文件特别大、占用空间多、通用性不强。

JPEG 格式：JPEG（Joint Photographic Experts Group）译为联合图片专家组。JPEG 格式既是 Photoshop 支持的一种文件格式，也是一种压缩方案。它是 Macintosh 上常用的一种存储类型。JPEG 格式是压缩格式中的"佼佼者"，与 TIF 文件格式采用的 LIW 无损压缩相比，它的压缩比例更大。但它采用了有损压缩，会丢失部分数据。用户可以在存储前选择图像的最后质量，这就能控制数据的损失程度。

第**2**章 绘制和编辑图形

本章介绍

CorelDRAW X6 绘制和编辑图形的功能非常强大。本章将详细介绍绘制和编辑图形的多种方法和技巧。通过
对本章的学习，读者可以掌握绘制与编辑图形的方法和技巧，为进一步学习 CorelDRAW X6 打下坚实的基础。

学习目标

- 掌握绘制图形的方法。
- 掌握编辑对象的技巧。

技能目标

- 掌握"火箭图标"的绘制方法。
- 掌握"卡通火车"的绘制方法。
- 掌握"蜗居标志"的制作方法。

2.1 绘制图形

使用 CorelDRAW X6 的基本绘图工具可以绘制简单的几何图形。通过本节的讲解和练习，读者可以初步掌握 CorelDRAW X6 基本绘图工具的特性，为今后绘制更复杂、更优质的图形打下坚实的基础。

命令介绍

矩形工具：用于绘制矩形、正方形、圆角矩形和任意角度放置的矩形。

椭圆形工具：用于绘制椭圆形、圆形、饼形、弧线形和任意角度放置的椭圆形。

2.1.1 课堂案例——绘制火箭图标

【案例学习目标】学习使用几何图形工具绘制火箭图标。

【案例知识要点】使用矩形工具、椭圆形工具、多边形工具、形状工具、渐变工具、变换命令和图框精确剪裁命令制作火箭、火箭两翼和火焰，效果如图 2-1 所示。

【效果所在位置】Ch02/效果/绘制火箭图标.cdr。

图 2-1

（1）按 Ctrl+N 组合键，新建一个 A4 页面。选择"椭圆形"工具 ○，绘制一个椭圆形，如图 2-2 所示。按 Ctrl+Q 组合键，将椭圆形转化为曲线。选择"形状"工具 ，选取所需节点，向中间拖曳节点手柄，如图 2-3 所示。

（2）选择"矩形"工具 □，在页面中绘制一个矩形，效果如图 2-4 所示。选择"选择"工具 ，选取所需的图形，单击属性栏中的"移除前面对象"按钮 ，将多个图形剪切为一个图形，效果如图 2-5 所示。

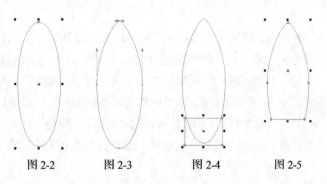

图 2-2   图 2-3   图 2-4   图 2-5

（3）按 F11 键，弹出"渐变填充"对话框，点选"自定义"单选框，在"位置"选项中分别添加并输入 0、47、100 几个位置点，单击右下角的"其它"按钮，分别设置几个位置点颜色的 CMYK 值为 0（0、100、100、80）、47（0、100、100、30）、100（0、100、100、0），其他选项的设置如图 2-6 所示，单击"确定"按钮填充图形，去除图形的轮廓线，效果如图 2-7 所示。

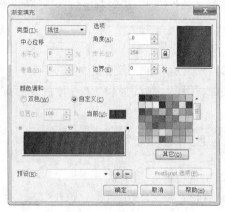

图 2-6   图 2-7

（4）选择"多边形"工具，在属性栏中的设置如图 2-8 所示，绘制一个三角形，如图 2-9 所示。

（5）按 F11 键，弹出"渐变填充"对话框，点选"自定义"单选框，在"位置"选项中分别添加并输入 0、40、63、100 几个位置点，单击右下角的"其它"按钮，分别设置几个位置点颜色的 CMYK 值为 0（0、0、0、100）、40（0、0、0、80）、63（0、0、0、40）、100（0、0、0、100），其他选项的设置如图 2-10 所示，单击"确定"按钮填充图形，去除图形的轮廓线，效果如图 2-11 所示。

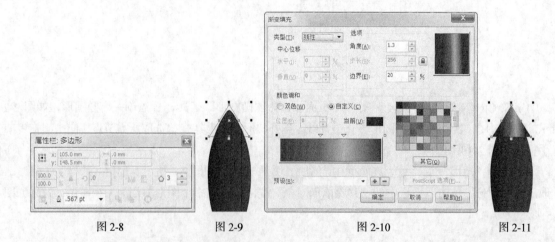

图 2-8   图 2-9   图 2-10   图 2-11

（6）选择"贝塞尔"工具，绘制一个不规则图形，如图 2-12 所示。按 F11 键，弹出"渐变填充"对话框，点选"双色"单选框，将"从"选项颜色的 CMYK 值设为 0、0、0、100，"到"选项颜色的 CMYK 值设为 0、0、0、80，其他选项的设置如图 2-13 所示，单击"确定"按钮，填充图形。在属性栏中将"轮廓宽度" 细线 选项设为 0.6，填充图形的轮廓线为黑色，效果如图 2-14 所示。

（7）选择"选择"工具，选取所需的图形，如图 2-15 所示。选择"效果 > 图框精确剪裁 > 置入图文框内部"命令，鼠标的光标变为黑色箭头形状，在图形上单击鼠标左键，如图 2-16 所示，将灰色渐变图形置入到红色渐变图形中并去除图形轮廓线，效果如图 2-17 所示。

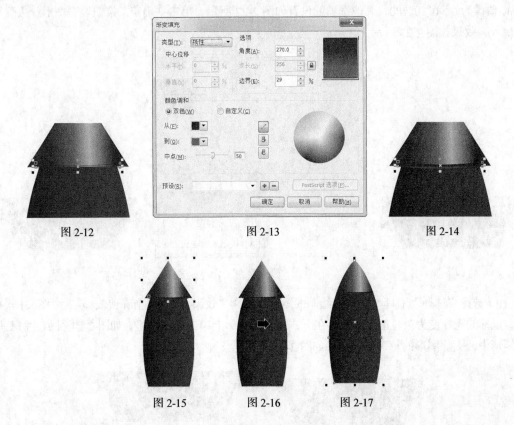

图 2-12　　　　　　　　　　　　　图 2-13　　　　　　　　　　　　　图 2-14

图 2-15　　　　　　图 2-16　　　　　　图 2-17

（8）选择"贝塞尔"工具 ，绘制一个不规则图形，如图 2-18 所示。按 F11 键，弹出"渐变填充"对话框，点选"自定义"单选框，在"位置"选项中分别添加并输入 0、40、63、100 几个位置点，单击右下角的"其它"按钮，分别设置几个位置点颜色的 CMYK 值为 0（0、0、0、100）、40（0、0、0、80）、63（0、0、0、40）、100（0、0、0、100），其他选项的设置如图 2-19 所示，单击"确定"按钮填充图形，去除图形的轮廓线，效果如图 2-20 所示。

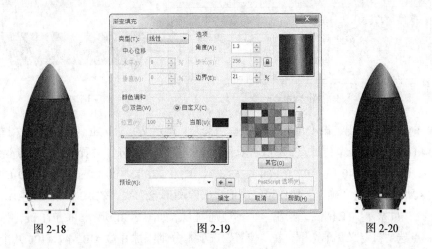

图 2-18　　　　　　　　　　　　　图 2-19　　　　　　　　　　　　　图 2-20

（9）选择"矩形"工具 ，在页面中绘制一个矩形，如图 2-21 所示。按 F11 键，弹出"渐变填充"

对话框，点选"双色"单选框，将"从"选项颜色的 CMYK 值设为 0、0、0、100，"到"选项颜色的 CMYK 值设为 0、0、0、80，其他选项的设置如图 2-22 所示，单击"确定"按钮填充图形，去除图形的轮廓线，效果如图 2-23 所示。

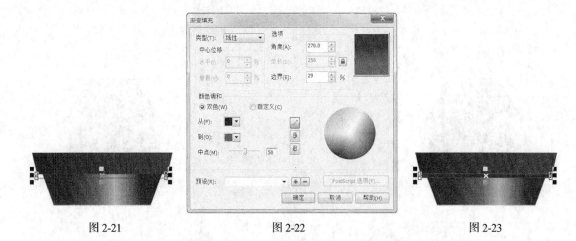

图 2-21　　　　　　　　　　　　图 2-22　　　　　　　　　　　　图 2-23

（10）选择"选择"工具 ，选取绘制的矩形，选择"效果 > 图框精确剪裁 > 置入图文框内部"命令，鼠标的光标变为黑色箭头形状，在下方的渐变图形上单击鼠标左键，如图 2-24 所示，将图片置入到矩形中，去除图形的轮廓线，效果如图 2-25 所示。

图 2-24　　　　　　　　图 2-25

（11）选择"矩形"工具 ，绘制一个矩形，在属性栏中的设置如图 2-26 所示，按 Enter 键确认操作，效果如图 2-27 所示。

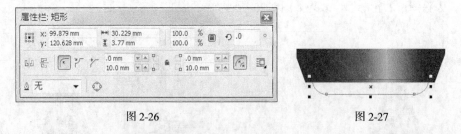

图 2-26　　　　　　　　　　图 2-27

（12）按 F11 键，弹出"渐变填充"对话框，点选"自定义"单选框，在"位置"选项中分别添加并输入 0、40、63、100 几个位置点，单击右下角的"其它"按钮，分别设置几个位置点颜色的 CMYK 值为 0（0、0、0、100）、40（0、0、0、80）、63（0、0、0、40）、100（0、0、0、100），其他选项的设置如图 2-28 所示，单击"确定"按钮填充图形，去除图形轮廓线，效果如图 2-29 所示。

（13）选择"贝塞尔"工具 ，绘制一个不规则图形，如图 2-30 所示。按 F11 键，弹出"渐变填充"对话框，点选"自定义"单选框，在"位置"选项中分别添加并输入 0、47、100 几个位置点，单击右下角的"其它"按钮，分别设置几个位置点颜色的 CMYK 值为 0（0、100、100、80）、47（0、

100、100、30）、100（0、100、100、0），其他选项的设置如图 2-31 所示，单击"确定"按钮填充图形，去除图形的轮廓线，效果如图 2-32 所示。

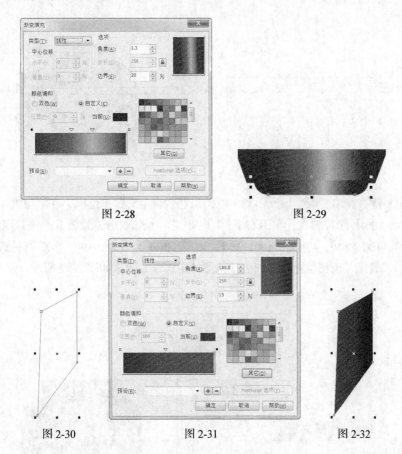

图 2-28　　　　　　　　　　　　　　　　　图 2-29

图 2-30　　　　　　　　　　图 2-31　　　　　　　　　　图 2-32

（14）选择"选择"工具 ，选取所需的图形，将其拖曳到适当位置，效果如图 2-33 所示。多次按 Ctrl+PageDown 组合键，调整图层顺序，效果如图 2-34 所示。

（15）选择"选择"工具 ，选择"排列 > 变换 > 缩放和镜像"命令，弹出"变换"面板，选项的设置如图 2-35 所示。单击"应用"按钮，复制并变换图形，效果如图 2-36 所示。选择"选择"工具 ，将复制的图形拖曳到适当的位置，效果如图 2-37 所示。

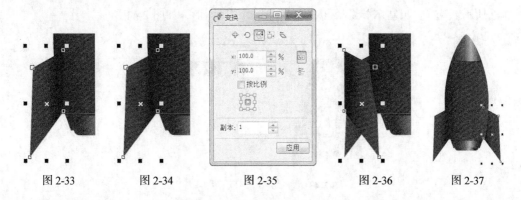

图 2-33　　　　　图 2-34　　　　　图 2-35　　　　　图 2-36　　　　　图 2-37

（16）选择"多边形"工具 ，在属性栏中的设置如图 2-38 所示，绘制一个菱形，如图 2-39 所示。

按 Ctrl+Q 组合键，将矩形转化为曲线。选择"形状"工具 ，选取所需节点并调整到适当的位置，效果如图 2-40 所示。

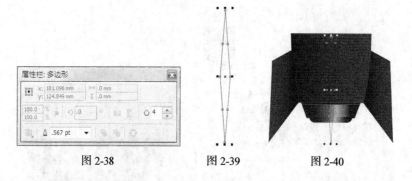

图 2-38　　　　　　　　图 2-39　　　　　　　　图 2-40

（17）按 F11 键，弹出"渐变填充"对话框，点选"自定义"单选框，在"位置"选项中分别添加并输入 0、47、100 几个位置点，单击右下角的"其它"按钮，分别设置几个位置点颜色的 CMYK 值为 0（0、100、100、80）、47（0、100、100、30）、100（0、100、100、0），其他选项的设置如图 2-41 所示，单击"确定"按钮填充图形，去除图形的轮廓线，效果如图 2-42 所示。

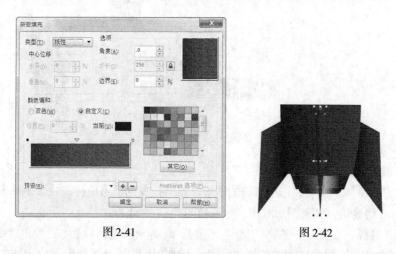

图 2-41　　　　　　　　　　　　　　图 2-42

（18）按 Ctrl+I 组合键，弹出"导入"对话框，选择本书学习资源中的"Ch02 ＞ 素材 ＞ 绘制火箭图标 ＞ 01"文件，单击"导入"按钮，在页面中单击导入图片，将其拖曳到适当的位置并调整其大小，如图 2-43 所示。选择"贝塞尔"工具 ，绘制一个不规则图形，如图 2-44 所示。

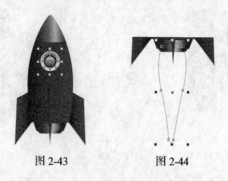

图 2-43　　　　　　　　图 2-44

（19）按 F11 键，弹出"渐变填充"对话框，点选"自定义"单选框，在"位置"选项中分别添

加并输入 0、10、25、62、100 几个位置点，单击右下角的"其它"按钮，分别设置几个位置点颜色的
CMYK 值为 0（0、100、100、0）、10（0、60、100、0）、25（0、0、100、0）、62（0、0、40、0）、
100（0、0、20、0），其他选项的设置如图 2-45 所示，单击"确定"按钮填充图形，去除图形轮廓线，
效果如图 2-46 所示。多次按 Ctrl+PageDown 组合键，调整图层顺序，效果如图 2-47 所示。

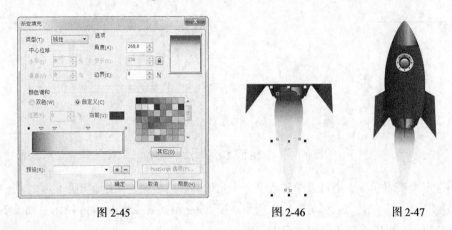

图 2-45　　　　　　　　　　　　图 2-46　　　　　　　图 2-47

2.1.2　矩形

1. 绘制矩形

单击工具箱中的"矩形"工具 □，在绘图页面中按住鼠标左键不放，拖曳光标到需要的位置，松
开鼠标左键，矩形绘制完成，如图 2-48 所示，绘制矩形的属性栏如图 2-49 所示。

按 Esc 键，取消矩形的选取状态，效果如图 2-50 所示。选择"选择"工具 ，在矩形上单击鼠标
左键，可选择刚绘制好的矩形。

图 2-48　　　　　　　　　　　图 2-49　　　　　　　　　　图 2-50

按 F6 键，快速选择"矩形"工具 □，可在绘图页面中适当的位置绘制矩形。

按住 Ctrl 键，可在绘图页面中绘制正方形。

按住 Shift 键，可在绘图页面中以当前点为中心绘制矩形。

按住 Shift+Ctrl 组合键，可在绘图页面中以当前点为中心绘制正方形。

> **技巧**　双击工具箱中的"矩形"工具 □，可以绘制出一个和绘图页面大小一样的矩形。

2. 使用"矩形"工具绘制圆角矩形

在绘图页面中绘制一个矩形，如图 2-51 所示。在绘制矩形的属性栏中，如果先将"圆角半径"后的小锁图标 选定，则改变"圆角半径"时，4 个角的角圆滑度数值将进行相同的改变。设定"圆角半径" ，如图 2-52 所示，按 Enter 键，效果如图 2-53 所示。

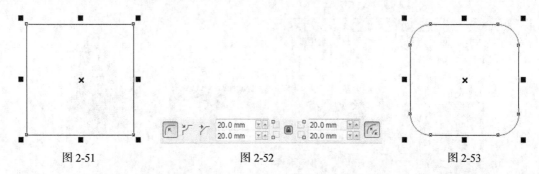

图 2-51　　　　　　　　　　图 2-52　　　　　　　　　　图 2-53

如果不选定小锁图标 ，则可以单独改变一个角的圆滑度数值；在绘制矩形的属性栏中，分别设定"圆角半径" ，如图 2-54 所示，按 Enter 键，效果如图 2-55 所示，如果要将圆角矩形还原为直角矩形，可以将圆角度数设定为"0"。

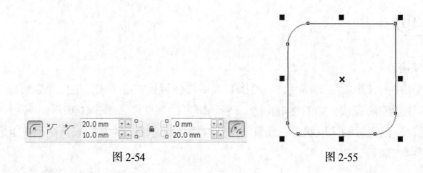

图 2-54　　　　　　　　　　　　　图 2-55

3. 使用鼠标拖曳矩形节点绘制圆角矩形

绘制一个矩形。按 F10 键，快速选择"形状"工具 ，选中矩形边角的节点，如图 2-56 所示。按住鼠标左键拖曳矩形边角的节点，可以改变边角的圆滑程度，如图 2-57 所示。松开鼠标左键，圆角矩形的效果如图 2-58 所示。

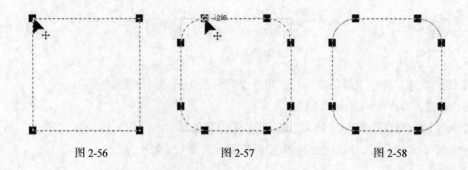

图 2-56　　　　　　　　图 2-57　　　　　　　　图 2-58

4. 使用"矩形"工具绘制扇形角图形

在绘图页面中绘制一个矩形，如图 2-59 所示。在绘制矩形的属性栏中，单击"扇形角"按钮 ，在"圆角半径" 框中设置值为 20，如图 2-60 所示，按 Enter 键，效果如图 2-61 所示。

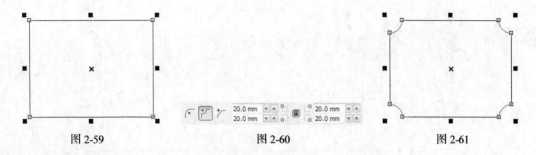

图 2-59   图 2-60   图 2-61

扇形角图形"圆角半径"的设置与圆角矩形相同，这里就不再赘述。

5. 使用"矩形"工具绘制倒棱角图形

在绘图页面中绘制一个矩形，如图 2-62 所示。在绘制矩形的属性栏中，单击"倒棱角"按钮 ，在"圆角半径" 框中设置值为 20，如图 2-63 所示，按 Enter 键，效果如图 2-64 所示。

倒棱角图形"圆角半径"的设置与圆角矩形相同，这里就不再赘述。

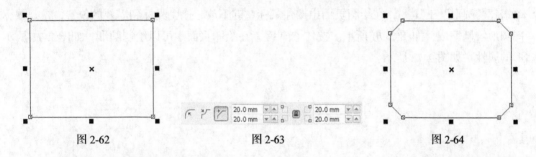

图 2-62   图 2-63   图 2-64

6. 使用角缩放按钮调整图形

在绘图页面中绘制一个圆角图形，属性栏和效果如图 2-65 所示。在绘制矩形的属性栏中，单击"相对的角缩放"按钮 ，拖曳控制手柄调整图形的大小，圆角的半径根据图形的调整进行改变，属性栏和效果如图 2-66 所示。

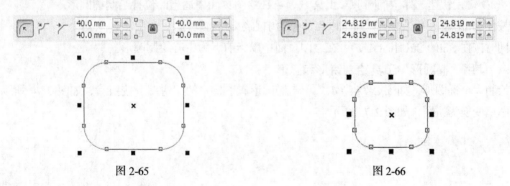

图 2-65   图 2-66

当图形为扇形角图形和倒棱角图形时，调整的效果与圆角矩形相同。

7. 绘制任意角度放置的矩形

选择"矩形"工具 展开式工具栏中的"3 点矩形"工具 ，在绘图页面中按住鼠标左键不放，拖曳光标到需要的位置，可绘制出一条任意方向的线段作为矩形的一条边，如图 2-67 所示。松开鼠标左键，再拖曳光标到需要的位置，即可确定矩形的另一条边，如图 2-68 所示。单击鼠标左键，有角度的矩形绘制完成，效果如图 2-69 所示。

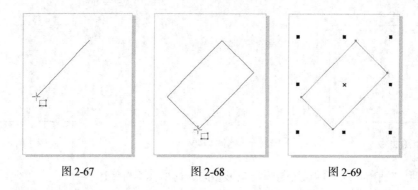

图 2-67　　　　　　　图 2-68　　　　　　　图 2-69

2.1.3　绘制椭圆和圆形

1．绘制椭圆形

单击"椭圆形"工具◯，在绘图页面中按住鼠标左键不放，拖曳光标到需要的位置，松开鼠标左键，椭圆形绘制完成，如图 2-70 所示。按住 Ctrl 键，在绘图页面中可以绘制圆形，如图 2-71 所示。椭圆形的属性栏如图 2-72 所示。

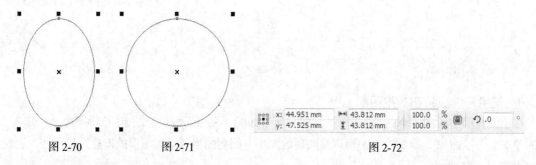

图 2-70　　　　　　图 2-71　　　　　　　　　　　图 2-72

按 F7 键，快速选择"椭圆形"工具◯，可在绘图页面中适当的位置绘制椭圆形。

按住 Shift 键，可在绘图页面中以当前点为中心绘制椭圆形。

同时按住 Shift+Ctrl 组合键，可在绘图页面中以当前点为中心绘制圆形。

2．使用"椭圆形"工具绘制饼形和弧形

绘制一个椭圆形，如图 2-73 所示。单击椭圆形属性栏中的"饼图"按钮◯，如图 2-74 所示，可将椭圆形变换为饼图，如图 2-75 所示。

图 2-73　　　　　　　　　图 2-74　　　　　　　　图 2-75

单击椭圆形属性栏中的"弧"按钮◯，如图 2-76 所示，可将椭圆形变换为弧形，如图 2-77 所示。

图 2-76 图 2-77

在"起始和结束角度" 中设置饼形和弧形起始角度和终止角度，效果如图 2-78 所示。按 Enter 键，可以获得饼形和弧形角度的精确值。效果如图 2-79 所示。

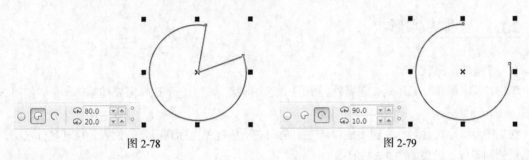

图 2-78 图 2-79

技巧 椭圆形在选中状态下，在椭圆形属性栏中，单击"饼形" 或"弧形" 按钮，可以使图形在饼形和弧形之间转换。单击属性栏中的 按钮，可以将饼形或弧形进行 180°的镜像。

3. 拖曳椭圆形的节点来绘制饼形和弧形

选择"椭圆形"工具 ，按住 Ctrl 键，绘制一个圆形。按 F10 键，快速选择"形状"工具 ，单击轮廓线上的节点并按住鼠标左键不放，如图 2-80 所示。

向圆形内拖曳节点，如图 2-81 所示。松开鼠标左键，椭圆变成饼形，效果如图 2-82 所示。向椭圆外拖曳轮廓线上的节点，可使椭圆形变成弧形。

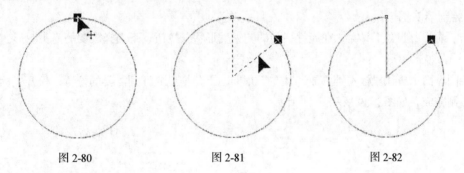

图 2-80 图 2-81 图 2-82

4. 绘制任意角度放置的椭圆形

选择"椭圆形"工具 展开式工具栏中的"3 点椭圆形"工具 ，在绘图页面中按住鼠标左键不放，拖曳光标到需要的位置，可绘制一条任意方向的线段作为椭圆形的一个轴，如图 2-83 所示。松开鼠标左键，再拖曳光标到需要的位置，即可确定椭圆形的形状，如图 2-84 所示。单击鼠标左键，有角度的椭圆形绘制完成，如图 2-85 所示。

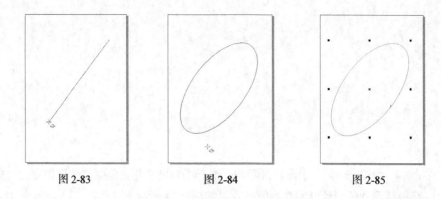

图 2-83　　　　　　　　图 2-84　　　　　　　　图 2-85

2.1.4　绘制基本形状

1．绘制基本形状

单击"基本形状"工具 ，在属性栏中的"完美形状"按钮 下选择需要的基本图形，如图 2-86 所示。

在绘图页面中按住鼠标左键不放，从左上角向右下角拖曳光标到需要的位置，松开鼠标左键，基本图形绘制完成，效果如图 2-87 所示。

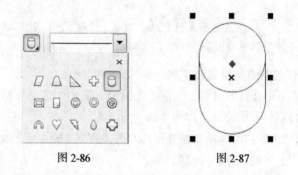

图 2-86　　　　　　　　图 2-87

2．绘制箭头图

单击"箭头形状"工具 ，在属性栏中的"完美形状"按钮 下选择需要的箭头图形，如图 2-88 所示。

在绘图页面中按住鼠标左键不放，从左上角向右下角拖曳光标到需要的位置，松开鼠标左键，箭头图形绘制完成，如图 2-89 所示。

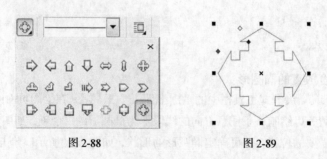

图 2-88　　　　　　　　图 2-89

3. 绘制流程图图形

单击"流程图形状"工具 ，在属性栏中的"完美形状"按钮 下选择需要的流程图图形，如图 2-90 所示。

在绘图页面中按住鼠标左键不放，从左上角向右下角拖曳光标到需要的位置，松开鼠标左键，流程图图形绘制完成，如图 2-91 所示。

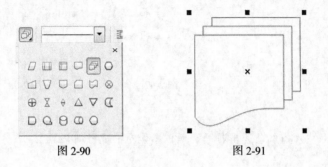

图 2-90   图 2-91

4. 绘制标题图形

单击"标题形状"工具 ，在属性栏中的"完美形状"按钮 下选择需要的星形图形，如图 2-92 所示。

在绘图页面中按住鼠标左键不放，从左上角向右下角拖曳光标到需要的位置，松开鼠标左键，星形图形绘制完成，如图 2-93 所示。

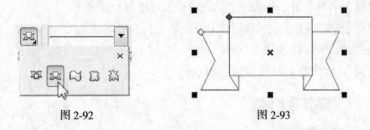

图 2-92   图 2-93

5. 绘制标注图形

单击"标注形状"工具 ，在属性栏中的"完美形状"按钮 下选择需要的标注图形，如图 2-94 所示。

在绘图页面中按住鼠标左键不放，从左上角向右下角拖曳光标到需要的位置，松开鼠标左键，标注图形绘制完成，如图 2-95 所示。

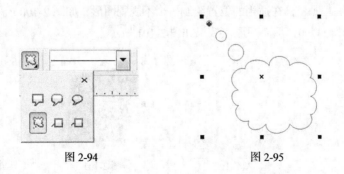

图 2-94   图 2-95

6. 调整基本形状

绘制一个基本形状，如图 2-96 所示。单击要调整的基本图形的红色菱形符号，并按住鼠标左键不放将其拖曳到需要的位置，如图 2-97 所示。得到需要的形状后，松开鼠标左键，效果如图 2-98 所示。

图 2-96   图 2-97   图 2-98

提示   在流程图形状中没有红色菱形符号，所以不能对它进行调整。

命令介绍

星形工具：用于绘制星形。

2.1.5   课堂案例——绘制卡通火车

【案例学习目标】学习使用多种绘图工具、填充工具绘制卡通火车。

【案例知识要点】使用矩形工具、椭圆工具、星形工具和贝塞尔工具绘制车厢，使用填充工具和渐变工具填充绘制的图形，效果如图 2-99 所示。

【效果所在位置】Ch02/效果/绘制卡通火车.cdr。

扫 码 观 看
本案例视频

图 2-99

（1）按 Ctrl+N 组合键，新建一个 A4 页面。在属性栏中单击"横向"按钮 □，页面显示为横向页面。选择"贝塞尔"工具 ⬚，在适当的位置绘制一个不规则图形，如图 2-100 所示。设置图形颜色的 CMYK 值为 0、100、20、0，填充图形，效果如图 2-101 所示。

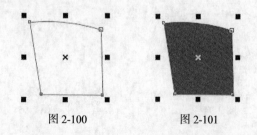

图 2-100   图 2-101

（2）选择"矩形"工具 □ ，在适当的位置绘制一个矩形，填充与上方图形相同的颜色，效果如图 2-102 所示。选择"贝塞尔"工具 ▼ ，在适当的位置绘制一个不规则图形，如图 2-103 所示。设置图形颜色的 CMYK 值为 0、50、10、0，填充图形；并设置轮廓线颜色的 CMYK 值为 44、96、85、51，填充图形轮廓线，效果如图 2-104 所示。按 Shift+PageDown 组合键，后移图形，效果如图 2-105 所示。

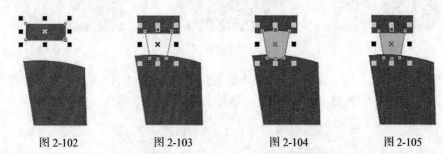

图 2-102   图 2-103   图 2-104   图 2-105

（3）选择"贝塞尔"工具 ▼ ，在适当的位置绘制一个不规则图形，设置图形颜色的 CMYK 值为 0、50、10、0，填充图形；并设置轮廓线颜色的 CMYK 值为 44、96、85、51，填充图形轮廓线，效果如图 2-106 所示。用相同的方法绘制另一图形，填充适当的颜色，效果如图 2-107 所示。

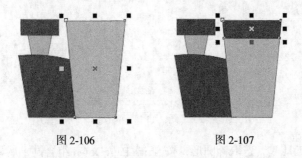

图 2-106   图 2-107

（4）选择"贝塞尔"工具 ▼ ，在适当的位置绘制多个图形，如图 2-108 所示。选择"选择"工具 ▲ ，将其同时选取，设置图形颜色的 CMYK 值为 0、100、20、20，填充图形并去除图形的轮廓线，效果如图 2-109 所示。用相同的方法绘制另外两个图形，填充适当的颜色，效果如图 2-110 所示。

图 2-108   图 2-109   图 2-110

（5）选择"矩形"工具 □ ，在属性栏中将"圆角半径"选项设为 2mm，在适当的位置绘制圆角矩形，填充图形为白色，效果如图 2-111 所示。选择"选择"工具 ▲ ，按数字键盘上的+键，复制图形并将其拖曳到适当的位置，效果如图 2-112 所示。

（6）选择"贝塞尔"工具 ▼ ，绘制两个不规则图形，设置图形颜色的 CMYK 值为 0、0、0、10，填充图形，并去除图形的轮廓线，效果如图 2-113 所示。

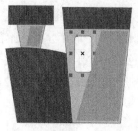  

图 2-111   图 2-112   图 2-113

（7）选择"椭圆形"工具 ◯，在适当的位置绘制椭圆形，如图 2-114 所示。按 F11 键，弹出"渐变填充"对话框，选项的设置如图 2-115 所示，单击"确定"按钮，效果如图 2-116 所示。

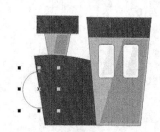 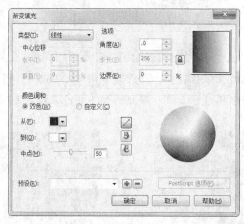 

图 2-114   图 2-115   图 2-116

（8）选择"选择"工具 ▢，选取椭圆形，按 Shift+PageDown 组合键，后移图形，效果如图 2-117 所示。选择"矩形"工具 ▢，在属性栏中将"圆角半径"选项均设置为 5mm，在适当的位置绘制圆角矩形，如图 2-118 所示。设置图形颜色的 CMYK 值为 100、0、0、0，填充图形，效果如图 2-119 所示。

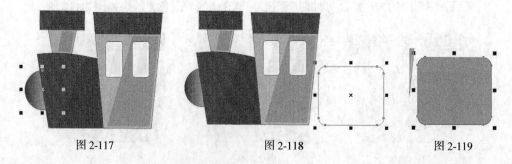

图 2-117   图 2-118   图 2-119

（9）选择"贝塞尔"工具 ▨，绘制一个不规则图形，设置图形颜色的 CMYK 值为 100、30、0、0，填充图形并去除图形的轮廓线，效果如图 2-120 所示。

（10）选择"星形"工具 ☆，在属性栏中将"锐度" △ 53 选项设置为 40，在适当的位置绘制星形，填充图形为白色并去除图形的轮廓线，效果如图 2-121 所示。用相同的方法绘制出右侧的两组图形，并填充适当的颜色，效果如图 2-122 所示。

图 2-120　　　　　　图 2-121　　　　　　　　　　图 2-122

（11）选择"矩形"工具 □，在适当的位置绘制矩形，设置图形颜色的 CMYK 值为 44、96、85、51，填充图形并去除图形的轮廓线，效果如图 2-123 所示。选择"选择"工具 ，选取图形，按 Shift+PageDown 组合键，后移图形，效果如图 2-124 所示。

图 2-123　　　　　　　　　　　　　图 2-124

（12）按数字键盘上的+键，复制图形并将其拖曳到适当的位置，效果如图 2-125 所示。选择"椭圆形"工具 ，在适当的位置绘制多个椭圆形，填充为白色并去除图形的轮廓线，效果如图 2-126 所示。

图 2-125　　　　　　　　　　　　图 2-126

（13）选择"椭圆形"工具 ，按住 Ctrl 键的同时，在页面外绘制圆形，设置图形颜色的 CMYK 值为 0、20、100、0，填充图形，效果如图 2-127 所示。再绘制两个椭圆形，如图 2-128 所示。选择"选择"工具 ，将其同时选取，如图 2-129 所示，单击属性栏中的"移除前面对象"按钮 ，效果如图 2-130 所示。

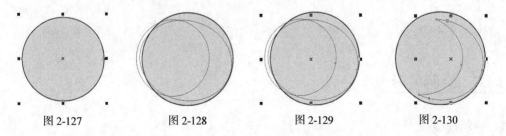

图 2-127　　　　图 2-128　　　　图 2-129　　　　图 2-130

（14）保持图形的选取状态，设置图形颜色的 CMYK 值为 0、40、100、0，填充图形并去除图形的轮廓线，效果如图 2-131 所示。选择"椭圆形"工具 ，按住 Ctrl 键的同时，在适当的位置绘制圆形，填充为白色并去除图形的轮廓线，效果如图 2-132 所示。用相同的方法绘制多个圆形并填充适当的颜色，效果如图 2-133 所示。

图 2-131   图 2-132   图 2-133

（15）选择"选择"工具 ，将绘制的图形同时选取拖曳到适当的位置，如图 2-134 所示。复制多个图形并调整其位置和大小，效果如图 2-135 所示。卡通火车绘制完成。

图 2-134   图 2-135

2.1.6　绘制多边形

选择"多边形"工具 ，在绘图页面中按住鼠标左键不放，拖曳光标到需要的位置，松开鼠标左键，多边形绘制完成，如图 2-136 所示。其属性栏如图 2-137 所示。

设置"多边形"属性栏中的"点数或边数" 数值为 8，如图 2-138 所示，按 Enter 键，多边形效果如图 2-139 所示。

图 2-136   图 2-137   图 2-138   图 2-139

2.1.7　绘制星形

1．绘制星形

选择"多边形"工具 展开式工具栏中的"星形"工具 ，在绘图页面中按住鼠标左键不放，拖曳光标到需要的位置，松开鼠标左键，星形绘制完成，如图 2-140 所示。"星形"属性栏如图 2-141 所示。设置"星形"属性栏中的"点数或边数" 数值为 8，按 Enter 键，多边形效果如图 2-142 所示。

图 2-140   图 2-141   图 2-142

2．绘制复杂星形

选择"多边形"工具 ，展开式工具栏中的"复杂星形"工具 ，在绘图页面中按住鼠标左键不放，拖曳光标到需要的位置，松开鼠标左键，星形绘制完成，如图 2-143 所示。其属性栏如图 2-144 所示。

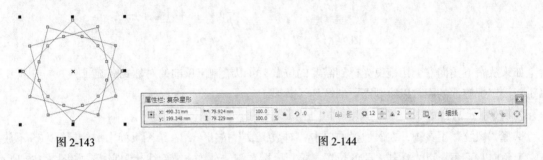

图 2-143   图 2-144

设置"复杂星形"属性栏中的"点数或边数" 数值为 9，"锐度" 数值为 3，如图 2-145 所示，按 Enter 键，多边形效果如图 2-146 所示。

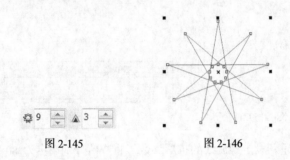

图 2-145   图 2-146

3．使用鼠标拖曳多边形的节点来绘制星形

绘制一个多边形，如图 2-147 所示。选择"形状"工具 ，单击轮廓线上的节点并按住鼠标左键不放，如图 2-148 所示。向多边形内或外拖曳轮廓线上的节点，如图 2-149 所示。可以将多边形改变为星形，效果如图 2-150 所示。

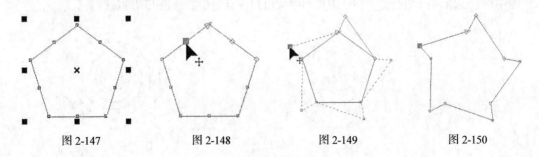

图 2-147   图 2-148   图 2-149   图 2-150

2.1.8　绘制螺旋形

1．绘制对称式螺纹

选择"螺纹"工具，在绘图页面中按住鼠标左键不放，从左上角向右下角拖曳光标到需要的位置，松开鼠标左键，对称式螺旋线绘制完成，如图 2-151 所示，属性栏如图 2-152 所示。

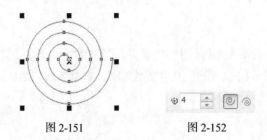

图 2-151　　　　　　　　　　图 2-152

如果从右下角向左上角拖曳光标到需要的位置，可以绘制出反向的对称式螺旋线。在 ⌖ 框中可以重新设定螺旋线的圈数以绘制需要的螺旋线效果。

2．绘制对数螺旋

选择"螺纹"工具，在属性栏中单击"对数螺纹"按钮，在绘图页面中按住鼠标左键不放，从左上角向右下角拖曳光标到需要的位置，松开鼠标左键，对数式螺旋线绘制完成，如图 2-153 所示，属性栏如图 2-154 所示。

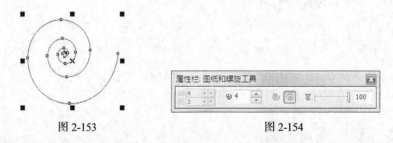

图 2-153　　　　　　　　　　图 2-154

在 ⌖ 100 中可以重新设定螺旋线的扩展参数，将数值分别设定为 80 和 20 时，螺旋线向外扩展的幅度会逐渐变小，如图 2-155 所示。当数值为 1 时，将绘制出对称式螺旋线。

按 A 键，选择"螺纹"工具，可以在绘图页面中适当的位置绘制螺旋线。

按住 Ctrl 键，可以在绘图页面中绘制正圆螺旋线。

按住 Shift 键，在绘图页面中会以当前点为中心绘制螺旋线。

同时按住 Shift+Ctrl 组合键，在绘图页面中会以当前点为中心绘制正圆螺旋线。

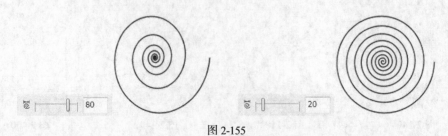

图 2-155

2.2　编辑对象

在 CorelDRAW X6 中，可以使用强大的图形对象编辑功能对图形对象进行编辑，其中包括对象的多种选取方式、对象的缩放、移动、镜像、复制和删除以及对象的调整。本节将讲解多种编辑图形对象的方法和技巧。

命令介绍

缩放命令：用于对图形对象进行缩放。
旋转命令：用于旋转图形对象。
复制命令：用于复制一个或多个图形对象。
镜像命令：用于使对象沿水平、垂直或对角线方向翻转镜像。

2.2.1　课堂案例——制作蜗居标志

【案例学习目标】学习使用螺纹工具和透镜命令制作蜗居标志。
【案例知识要点】使用矩形工具和底纹填充工具制作背景效果，使用贝塞尔工具绘制不规则图形，使用文本工具和阴影工具制作文字效果，使用螺纹工具和透镜命令制作装饰图形，效果如图2-156 所示。
【效果所在位置】Ch02/效果/制作蜗居标志.cdr。

图 2-156

（1）按 Ctrl+N 组合键，新建一个 A4 页面，单击属性栏中的"横向"按钮，横向显示页面。选择"矩形"工具 □，在页面中绘制一个矩形，如图 2-157 所示。在属性栏中将"圆角半径"选项均设置为 20mm，按 Enter 键，图形效果如图 2-158 所示。

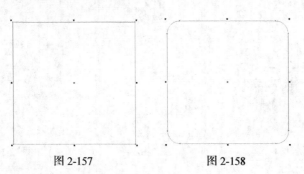

图 2-157　　　　　图 2-158

（2）选择"底纹填充"工具 ，弹出"底纹填充"对话框，选项的设置如图 2-159 所示。单击"确定"按钮，去除图形的轮廓线，效果如图 2-160 所示。

图 2-159   图 2-160

（3）选择"文本"工具 ，分别输入需要的文字。选择"选择"工具 ，分别在属性栏中选择合适的字体并设置文字大小，效果如图 2-161 所示。

（4）选择"选择"工具 ，选择文字"蜗"。选择"阴影"工具 ，在文字上从上至下拖曳光标，为文字添加阴影效果。在属性栏中进行设置，如图 2-162 所示。按 Enter 键，效果如图 2-163 所示。

图 2-161   图 2-162   图 2-163

（5）选择"螺纹"工具 ，在"螺纹回圈"选项中设置数值为 3，拖曳鼠标绘制图形，效果如图 2-164 所示。

（6）选择"效果 > 透镜"命令，弹出"透镜"面板，选项的设置如图 2-165 所示。单击"应用"按钮，效果如图 2-166 所示。

图 2-164   图 2-165   图 2-166

（7）选择"贝塞尔"工具，绘制一个图形，如图 2-167 所示。选择"效果 > 透镜"命令，弹出"透镜"面板，选项的设置如图 2-168 所示。单击"应用"按钮，取消图形的选取状态，效果如图 2-169 所示。蜗居标志制作完成。

图 2-167　　　　　　　图 2-168　　　　　　　图 2-169

2.2.2　对象的选取

在 CorelDRAW X6 中，新建一个图形对象时，一般图形对象呈选取状态，在对象的周围出现圈选框，圈选框是由 8 个控制手柄组成的。对象的中心有一个"X"形的中心标记。对象的选取状态如图 2-170 所示。

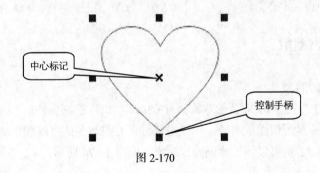

中心标记

控制手柄

图 2-170

在 CorelDRAW X6 中，如果要编辑一个对象，首先要选取这个对象。当选取多个图形对象时，多个图形对象共有一个圈选框。要取消对象的选取状态，只要在绘图页面中的其他位置单击鼠标左键或按 Esc 键即可。

1. 用鼠标点选的方法选取对象

选择"选择"工具，在要选取的图形对象上单击，即可选取该对象。

选取多个图形对象时，按住 Shift 键，在依次选取的对象上连续单击即可。同时选取的效果如图 2-171 所示。

图 2-171

2．用鼠标圈选的方法选取对象

选择"选择"工具 ，在绘图页面中要选取的图形对象外围单击鼠标并拖曳鼠标，拖曳后会出现一个蓝色的虚线圈选框，如图 2-172 所示。在圈选框完全圈选住对象后松开鼠标，被圈选的对象处于选取状态，如图 2-173 所示。用圈选的方法可以同时选取一个或多个对象。在圈选的同时按住 Alt 键，蓝色的虚线圈选框接触到的对象都将被选取，如图 2-174 所示。

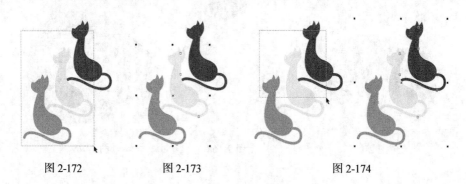

图 2-172　　　　　　　图 2-173　　　　　　　　　图 2-174

3．使用命令选取对象

选择"编辑 > 全选"子菜单下的各个命令来选取对象，按 Ctrl+A 组合键，可以选取绘图页面中的全部对象。

技巧　　当绘图页面中有多个对象时，按空格键，快速选择"选择"工具 ，连续按 Tab 键，可以依次选择下一个对象。按住 Shift 键，再连续按 Tab 键，可以依次选择上一个对象。按住 Ctrl 键，用光标点选，可以选取群组中的单个对象。

2.2.3　对象的缩放

1．使用鼠标缩放对象

使用"选择"工具 选取要缩放的对象，对象的周围出现控制手柄。

用鼠标拖曳控制手柄可以缩放对象。拖曳对角线上的控制手柄可以按比例缩放对象，如图 2-175 所示。拖曳中间的控制手柄可以不按比例缩放对象，如图 2-176 所示。

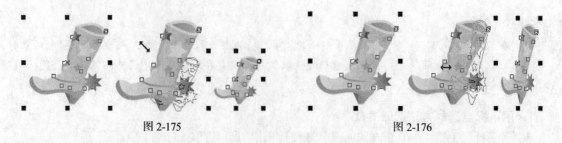

图 2-175　　　　　　　　　　　　　图 2-176

拖曳对角线上的控制手柄时，按住 Ctrl 键，对象会以 100%的比例缩放。同时按 Shift+Ctrl 组合键，对象会以 100%的比例从中心缩放。

2．使用"自由变换"工具 属性栏缩放对象

选择"选择"工具 并选取要缩放的对象，对象的周围出现控制手柄。选择"形状"工具 展开

式工具栏中的"自由变换"工具  ，这时的属性栏如图 2-177 所示。

图 2-177

在"自由变形"属性栏中的"对象的大小"  中，输入对象的宽度和高度。如果选择了"缩放因子" 中的锁按钮 ，则宽度和高度将按比例缩放，只需改变宽度和高度中的一个值，另一个值就会自动按比例调整。

在"自由变形"属性栏中调整好宽度和高度后，按 Enter 键，完成对象的缩放。缩放的效果如图 2-178 所示。

图 2-178

3. 使用"变换"泊坞窗缩放对象

使用"选择"工具 选取要缩放的对象。如图 2-179 所示。选择"窗口 > 泊坞窗 > 变换 > 大小"命令，或按 Alt+F10 组合键，弹出"变换"泊坞窗，如图 2-180 所示。其中，"Y"表示宽度，"X"表示高度。如不勾选 按比例 复选框，就可以不按比例缩放对象。

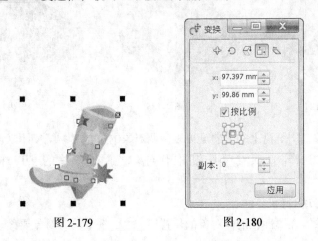

图 2-179   图 2-180

在"变换"泊坞窗中，如图 2-181 所示的是可供选择的圈选框控制手柄 8 个点的位置，单击一个按钮以定义一个在缩放对象时保持固定不动的点，缩放的对象将基于这个点进行缩放，这个点可以决定缩放后的图形与原图形的相对位置。

设置好需要的数值，如图 2-182 所示，单击"应用"按钮，对象的缩放完成，效果如图 2-183 所示。在"副本"选项中输入数值，可以复制生成多个缩放好的对象。

选择"窗口 > 泊坞窗 > 变换 > 比例"命令，或按 Alt+F9 组合键，在弹出的"变换"泊坞窗中可以对对象进行缩放。

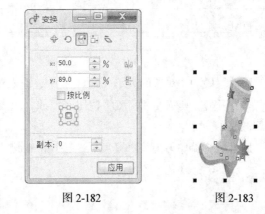

图 2-181　　　　　　　　图 2-182　　　　　　　　图 2-183

2.2.4　对象的移动

1．使用工具和键盘移动对象

使用"选择"工具 ，选取要移动的对象，如图 2-184 所示。使用"选择"工具 或其他绘图工具，将鼠标的光标移到对象的中心控制点上，光标将变为十字箭头形 ，如图 2-185 所示。按住鼠标左键不放，将对象拖曳到需要的位置，松开鼠标，完成对象的移动，效果如图 2-186 所示。

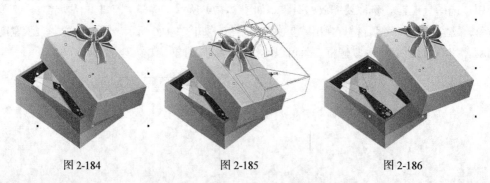

图 2-184　　　　　　　　图 2-185　　　　　　　　图 2-186

选取要移动的对象，用键盘上的方向键可以微调对象的位置。系统使用默认值时，对象将以 1 像素的增量移动。选择"选择"工具 后不选取任何对象，在属性栏中的 框中可以重新设定每次微调移动的距离。

2．使用属性栏移动对象

选取要移动的对象，在属性栏的"对象的位置" 框中输入对象要移动到的新位置的横坐标和纵坐标，可移动对象。

3．使用"变换"泊坞窗移动对象

选取要移动的对象，选择"窗口 > 泊坞窗 > 变换 > 位置"命令，或按 Alt+F7 组合键，将弹出"变换"泊坞窗。如选中 相对位置 复选框，对象将相对于原位置的中心进行移动。设置好后，单击"应用"按钮或按 Enter 键，完成对象的移动。移动前后的位置如图 2-187 所示。

设置好数值后，单击"应用到再制"按钮，可以在移动的新位置复制出新的对象。

图 2-187

2.2.5 对象的镜像

镜像效果经常被应用到设计作品中。在 CorelDRAW X6 中，可以使用多种方法使对象沿水平、垂直或对角线的方向做镜像翻转。

1. 使用鼠标镜像对象

选取镜像对象，如图 2-188 所示。按住鼠标左键直接拖曳控制手柄到相对的边，直到显示对象的蓝色虚线框，如图 2-189 所示。松开鼠标左键就可以得到不规则的镜像对象，如图 2-190 所示。

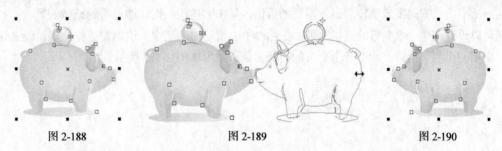

图 2-188   图 2-189   图 2-190

按住 Ctrl 键，直接拖曳左边或右边中间的控制手柄到相对的边，可以完成保持原对象比例的水平镜像，如图 2-191 所示。按住 Ctrl 键，直接拖曳上边或下边中间的控制手柄到相对的边，可以完成保持原对象比例的垂直镜像，如图 2-192 所示。按住 Ctrl 键，直接拖曳边角上的控制手柄到相对的边，可以完成保持原对象比例的沿对角线方向的镜像，如图 2-193 所示。

图 2-191   图 2-192   图 2-193

技巧 　在镜像的过程中，只能使对象本身产生镜像。如果想产生如图 2-191、图 2-192 和图 2-193 所示的效果，就要在镜像的位置生成一个复制对象。方法很简单，在松开鼠标左键之前按下鼠标右键，就可以在镜像的位置生成一个复制对象。

2．使用属性栏镜像对象

选择"选择"工具 ，选取要镜像的对象，如图 2-194 所示，这时的属性栏如图 2-195 所示。

图 2-194 　　　　　　　　　　　　　　图 2-195

单击属性栏中的"水平镜像"按钮 ，可以使对象沿水平方向翻转镜像。单击"垂直镜像"按钮 ，可以使对象沿垂直方向翻转镜像。

3．使用"变换"泊坞窗镜像对象

选取要镜像的对象，选择"窗口 > 泊坞窗 > 变换 > 比例"命令，或按 Alt+F9 组合键，弹出"变换"泊坞窗。单击"水平镜像"按钮 ，可以使对象沿水平方向镜像翻转。单击"垂直镜像"按钮 ，可以使对象沿垂直方向镜像翻转。设置需要的数值，单击"应用"按钮即可看到镜像效果。

还可以设置产生一个变形的镜像对象。如图 2-196 所示对"变换"泊坞窗进行设定，设置好后，单击"应用到再制"按钮，产生一个变形的镜像对象，效果如图 2-197 所示。

图 2-196 　　　　　　　　　　　　　　图 2-197

2.2.6　对象的旋转

1．使用鼠标旋转对象

使用"选择"工具 选取要旋转的对象，这时对象的周围出现控制手柄。再次单击对象，这时对象的周围出现旋转 和倾斜 控制手柄，如图 2-198 所示。

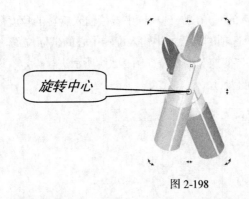

图 2-198

将鼠标的光标移动到旋转控制手柄上，这时的光标变为旋转符号 ↻，如图 2-199 所示。按住鼠标左键，拖曳鼠标旋转对象，旋转时对象会出现蓝色的虚线框指示旋转方向和角度，如图 2-200 所示。旋转到需要的角度后，松开鼠标左键，完成对象的旋转，效果如图 2-201 所示。

对象是围绕旋转中心 ⊙ 旋转的，默认的旋转中心 ⊙ 是对象的中心点，将鼠标光标移动到旋转中心上，按住鼠标左键拖曳旋转中心 ⊙ 到需要的位置，松开鼠标左键，完成对旋转中心的移动。

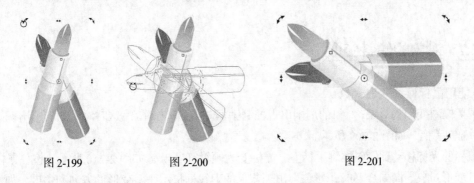

图 2-199　　　　　　　图 2-200　　　　　　　图 2-201

2．使用属性栏旋转对象

选取要旋转的对象，效果如图 2-202 所示。选择"选择"工具 ，在属性栏中的"旋转角度" 文本框中输入旋转的角度数值为 40，如图 2-203 所示，按 Enter 键，效果如图 2-204 所示。

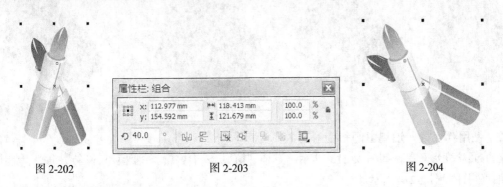

图 2-202　　　　　　　图 2-203　　　　　　　图 2-204

3．使用"变换"泊坞窗旋转对象

选取要旋转的对象，如图 2-205 所示。选择"窗口 > 泊坞窗 > 变换 > 旋转"命令，或按 Alt+F8 组合键，弹出"变换"泊坞窗，设置如图 2-206 所示。也可以在已打开的"变换"泊坞窗中单击"旋转"按钮 。

在"变换"泊坞窗的"旋转"设置区的"角度"选项框中直接输入旋转的角度数值，旋转角度数值可以是正值也可以是负值。在"中心"选项的设置区中输入旋转中心的坐标位置。选中"相对中心"复选框，对象将以选中的旋转中心旋转。"变换"泊坞窗如图 2-207 所示进行设定，设置完成后，单击"应用"按钮，对象旋转的效果如图 2-208 所示。

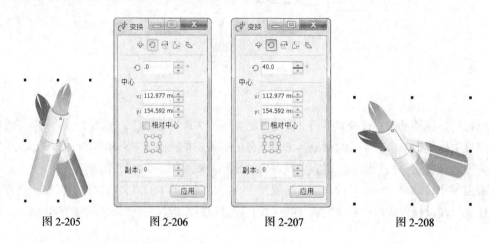

图 2-205　　　　　　图 2-206　　　　　　图 2-207　　　　　　图 2-208

2.2.7　对象的倾斜变形

1．使用鼠标倾斜变形对象

选取要倾斜变形的对象，对象的周围出现控制手柄。再次单击对象，这时对象的周围出现旋转 ✐ 和倾斜 ↔ 控制手柄，如图 2-209 所示。

将鼠标的光标移动到倾斜控制手柄上，光标变为倾斜符号 ⇄，如图 2-210 所示。按住鼠标左键，拖曳鼠标变形对象。倾斜变形时，对象会出现蓝色的虚线框指示倾斜变形的方向和角度，如图 2-211 所示。倾斜到需要的角度后，松开鼠标左键，对象倾斜变形的效果如图 2-212 所示。

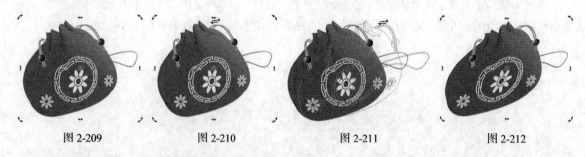

图 2-209　　　　　　图 2-210　　　　　　　图 2-211　　　　　　　图 2-212

2．使用"变换"泊坞窗倾斜变形对象

选取倾斜变形对象，如图 2-213 所示。选择"窗口 > 泊坞窗 > 变换 > 倾斜"命令，弹出"变换"泊坞窗，如图 2-214 所示。

也可以在已打开的"变换"泊坞窗中单击"倾斜"按钮 ◿。在"变换"泊坞窗中设定倾斜变形对象的数值，如图 2-215 所示。单击"应用"按钮，对象产生倾斜变形，效果如图 2-216 所示。

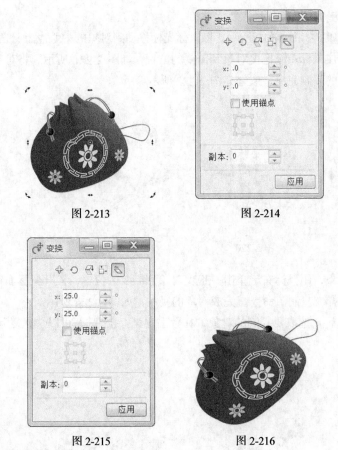

图 2-213 图 2-214

图 2-215 图 2-216

2.2.8 对象的复制

1. 使用命令复制对象

选取要复制的对象，如图 2-217 所示。选择"编辑 > 复制"命令，或按 Ctrl+C 组合键，对象的副本将被放置在剪贴板中。选择"编辑 > 粘贴"命令，或按 Ctrl+V 组合键，对象的副本被粘贴到原对象的下面，位置和原对象是相同的。用鼠标移动对象，可以显示复制的对象，如图 2-218 所示。

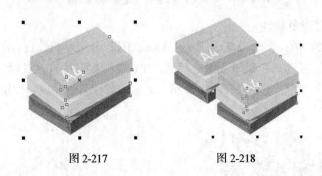

图 2-217 图 2-218

> **提示** 选择"编辑 > 剪切"命令，或按 Ctrl+X 组合键，对象将从绘图页面中删除并被放置在剪贴板上。

2. 使用鼠标拖曳方式复制对象

选取要复制的对象，如图 2-219 所示。将鼠标光标移动到对象的中心点上，光标变为移动光标✛，如图 2-220 所示。按住鼠标左键拖曳对象到需要的位置，如图 2-221 所示。将对象移至合适的位置后单击鼠标右键，对象的复制完成，效果如图 2-222 所示。

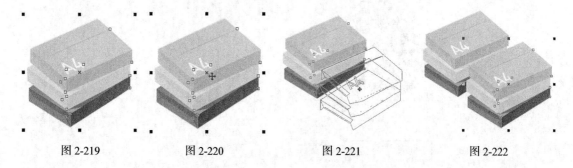

图 2-219　　　　　　图 2-220　　　　　　图 2-221　　　　　　图 2-222

选取要复制的对象，用鼠标右键单击并拖曳对象到需要的位置，松开鼠标右键后弹出如图 2-223 所示的快捷菜单，选择"复制"命令，完成对象的复制，如图 2-224 所示。

使用"选择"工具 选取要复制的对象，在数字键盘上按+键，可以快速复制对象。

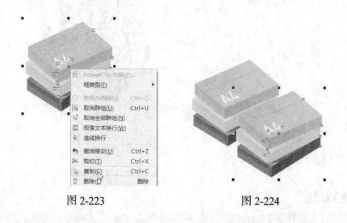

图 2-223　　　　　　　　　　图 2-224

技巧　可以在两个不同的绘图页面中复制对象。使用鼠标左键拖曳其中一个绘图页面中的对象到另一个绘图页面中，在松开鼠标左键前单击鼠标右键即可复制对象。

3. 使用命令复制对象属性

选取要复制属性的对象，如图 2-225 所示。选择"编辑 > 复制属性自"命令，弹出"复制属性"对话框，勾选"填充"复选框，如图 2-226 所示，单击"确定"按钮，鼠标光标显示为黑色箭头，在要复制其属性的对象上单击，如图 2-227 所示，对象的属性复制完成，效果如图 2-228 所示。

图 2-225

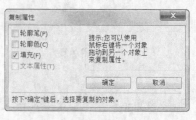

图 2-226

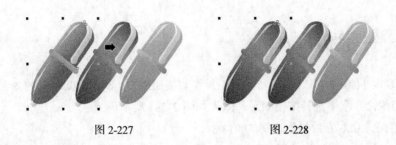

图 2-227   图 2-228

2.2.9　对象的删除

在 CorelDRAW X6 中，可以方便快捷地删除对象。下面介绍如何删除不需要的对象。

选取要删除的对象，选择"编辑 > 删除"命令，或按 Delete 键，如图 2-229 所示，可以将选取的对象删除。

图 2-229

 提示　如果想删除多个或全部的对象，首先要选取这些对象，再执行"删除"命令或按 Delete 键。

课堂练习——绘制南瓜

【练习知识要点】使用椭圆形工具、贝塞尔工具和填充工具绘制南瓜图形，使用钢笔工具、形状工具调整图形，效果如图 2-230 所示。

【效果所在位置】Ch02/效果/绘制南瓜.cdr。

图 2-230

课后习题——绘制 DVD

【习题知识要点】使用椭圆形工具和矩形工具绘制按钮图形，使用渐变填充命令为按钮填充渐变色，使用水平镜像命令水平翻转按钮图形，效果如图 2-231 所示。

【素材所在位置】Ch02/素材/绘制 DVD/01。

【效果所在位置】Ch02/效果/绘制 DVD.cdr。

扫码观看
本案例视频

图 2-231

第**3**章 绘制和编辑曲线

本章介绍

CorelDRAW X6 中提供了多种绘制和编辑曲线的方法。绘制曲线是进行图形作品绘制的基础。而应用修整功能可以制作出复杂多变的图形效果。通过对本章的学习，读者可以更好地掌握绘制曲线和修整图形的方法，为绘制出更复杂、更绚丽的作品打好基础。

学习目标

● 掌握绘制曲线的方法。

● 掌握编辑曲线的技巧。

● 掌握修整功能里的各种命令的操作。

技能目标

● 掌握"可爱棒冰插画"的绘制方法。

● 掌握"扇子"的绘制方法。

● 掌握"校车"的绘制方法。

3.1 绘制曲线

在 CorelDRAW X6 中，绘制出的作品都是由几何对象构成的，而几何对象的构成元素是直线和曲线。学习绘制直线和曲线，可以进一步掌握 CorelDRAW X6 强大的绘图功能。

命令介绍

贝塞尔工具：可以绘制平滑、精确的曲线；可以通过确定节点和改变控制点的位置来控制曲线的弯曲度。

艺术笔工具：可以绘制出多种精美的线条和图形；可以模仿画笔的真实效果，在画面中产生丰富的变化，绘制出不同风格的设计作品。

3.1.1 课堂案例——绘制可爱棒冰插画

【案例学习目标】学习使用贝塞尔工具和渐变填充工具绘制可爱棒冰插画。

【案例知识要点】使用贝塞尔工具绘制棒冰图形，使用渐变填充工具为图形填充渐变色，效果如图 3-1 所示。

【效果所在位置】Ch03/效果/绘制可爱棒冰插画.cdr。

图 3-1

（1）按 Ctrl+N 组合键，新建一个页面。在属性栏的"页面度量"选项中分别设置宽度为 200mm、高度为 200mm，按 Enter 键，页面尺寸显示为设置的大小。

（2）选择"文件 > 导入"命令，弹出"导入"对话框。选择本书学习资源中的"Ch03 > 素材 > 绘制可爱棒冰插画 > 01"文件，单击"导入"按钮。在页面中单击导入的图形，按 P 键，图片在页面中居中对齐，效果如图 3-2 所示。

（3）选择"贝塞尔"工具 ，绘制一个不规则图形，如图 3-3 所示。设置图形颜色的 CMYK 值为 0、1、27、0，填充图形，去除图形的轮廓线，效果如图 3-4 所示。

（4）选择"贝塞尔"工具 ，绘制一个不规则图形。设置图形颜色的 CMYK 值为 6、11、73、0，填充图形，去除图形的轮廓线，效果如图 3-5 所示。

图 3-2

图 3-3

图 3-4

图 3-5

（5）选择"贝塞尔"工具，绘制一个不规则图形，如图 3-6 所示。按 F11 键，弹出"渐变填充"对话框。单击"双色"单选钮，将"从"选项颜色的 CMYK 值设置为 40、73、94、66，"到"选项颜色的 CMYK 值设置为 50、75、100、15，其他选项的设置如图 3-7 所示。单击"确定"按钮，填充图形，去除图形的轮廓线，效果如图 3-8 所示。

图 3-6

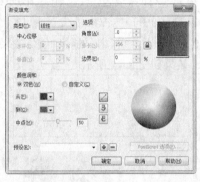
图 3-7

图 3-8

（6）选择"贝塞尔"工具，绘制多个不规则图形。填充图形为白色，去除图形的轮廓线，效果如图 3-9 所示。

（7）选择"贝塞尔"工具，在适当的位置绘制一个图形。设置图形颜色的 CMYK 值为 67、80、100、60，填充图形并去除图形的轮廓线，效果如图 3-10 所示。用相同的方法再绘制一个图形并填充相同的颜色，效果如图 3-11 所示。

图 3-9

图 3-10

图 3-11

（8）选择"贝塞尔"工具，在适当的位置绘制一个图形。设置图形颜色的 CMYK 值为 67、80、100、60，填充图形，去除图形的轮廓线，效果如图 3-12 所示。

（9）选择"贝塞尔"工具，在适当的位置绘制一个图形。设置图形颜色的 CMYK 值为 14、87、30、0，填充图形，去除图形的轮廓线，效果如图 3-13 所示。

（10）选择"贝塞尔"工具 ，在适当的位置绘制一个图形。设置图形颜色的 CMYK 值为 0、51、0、0，填充图形，去除图形的轮廓线，效果如图 3-14 所示。

（11）选择"椭圆形"工具 ，按住 Ctrl 键的同时在适当的位置拖曳鼠标绘制一个圆形，如图 3-15 所示。

图 3-12　　　　　　图 3-13　　　　　　图 3-14　　　　　　图 3-15

（12）按 F11 键，弹出"渐变填充"对话框。单击"双色"单选按钮，将"从"选项颜色的 CMYK 值设置为 20、70、68、0，"到"选项颜色的 CMYK 值设置为 13、39、33、0，其他选项的设置如图 3-16 所示。单击"确定"按钮，填充图形并去除图形的轮廓线，效果如图 3-17 所示。用相同的方法再绘制一个图形并填充相同的颜色，效果如图 3-18 所示。

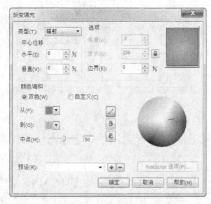

图 3-16　　　　　　　　图 3-17　　　　　　图 3-18

（13）选择"椭圆形"工具 ，绘制一个椭圆形。设置图形颜色的 CMYK 值为 14、10、62、0，填充图形并去除图形的轮廓线，效果如图 3-19 所示。

（14）选择"椭圆形"工具 ，绘制一个椭圆形。设置图形颜色的 CMYK 值为 55、70、90、81，填充图形并去除图形的轮廓线，效果如图 3-20 所示。

图 3-19　　　　　　　　图 3-20

（15）选择"贝塞尔"工具 ，在适当的位置绘制一个图形。设置图形颜色的 CMYK 值为 25、38、68、8，填充图形并去除图形的轮廓线，效果如图 3-21 所示。

（16）选择"贝塞尔"工具 ，在适当的位置绘制一个图形。设置图形颜色的 CMYK 值为 5、15、65、7，填充图形并去除图形的轮廓线，效果如图 3-22 所示。可爱棒冰插画绘制完成。

图 3-21　　　　　　　　　　　　图 3-22

3.1.2　认识曲线

在 CorelDRAW X6 中，曲线是矢量图形的组成部分。可以使用绘图工具绘制曲线，也可以将任何的矩形、多边形、椭圆形以及文本对象转换成曲线。下面对曲线的节点、线段、控制线和控制点等概念进行讲解。

节点：构成曲线的基本要素，可以通过定位、调整节点、调整节点上的控制点来绘制和改变曲线的形状。通过在曲线上增加和删除节点使曲线的绘制更加简便。通过转换节点的性质，可以将直线和曲线的节点相互转换，使直线段转换为曲线段或曲线段转换为直线段。

线段：指两个节点之间的部分。线段包括直线段和曲线段，直线段在转换成曲线段后，可以进行曲线特性的操作，如图 3-23 所示。

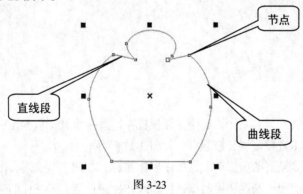

图 3-23

控制线：在绘制曲线的过程中，节点的两端会出现蓝色的虚线。选择"形状"工具 ，在已经绘制好的曲线的节点上单击鼠标左键，节点的两端会出现控制线。

技巧　直线的节点没有控制线。直线段转换为曲线段后，节点上会出现控制线。

控制点：在绘制曲线的过程中，节点的两端会出现控制线，在控制线的两端是控制点。通过拖曳或移动控制点可以调整曲线的弯曲程度，如图 3-24 所示。

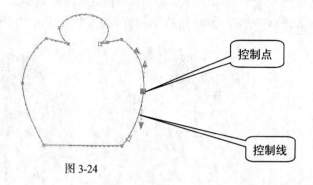

图 3-24

3.1.3 贝塞尔工具

"贝塞尔"工具可以绘制平滑、精确的曲线。可以通过确定节点和改变控制点的位置来控制曲线的弯曲度。可以使用节点和控制点对绘制完的直线或曲线进行精确的调整。

1．绘制直线和折线

选择"贝塞尔"工具 ，在绘图页面中单击鼠标左键以确定直线的起点，拖曳鼠标指针到需要的位置，再单击鼠标左键以确定直线的终点，绘制出一段直线。只要确定下一个节点，就可以绘制出折线的效果，如果想绘制出多个折角的折线，只要继续确定节点即可，如图 3-25 所示。

双击折线上的节点，将删除这个节点，折线的另外两个节点将自动连接，效果如图 3-26 所示。

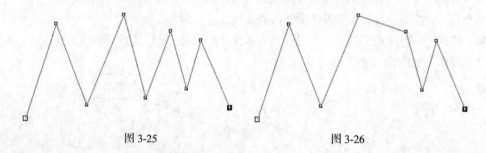

图 3-25　　　　　　　　　　　　　　　图 3-26

2．绘制曲线

选择"贝塞尔"工具 ，在绘图页面中按住鼠标左键并拖曳光标以确定曲线的起点，松开鼠标左键，这时该节点的两边出现控制线和控制点，如图 3-27 所示。

将鼠标的光标移动到需要的位置单击并按住鼠标左键，在两个节点间会出现一条曲线段，拖曳鼠标，第 2 个节点的两边出现控制线和控制点，控制线和控制点会随着光标的移动而发生变化，曲线的形状也会随之发生变化，调整到需要的效果后松开鼠标左键，如图 3-28 所示。

在下一个需要的位置单击鼠标左键后，将出现一条连续的平滑曲线，如图 3-29 所示。用"形状"工具 ，在第 2 个节点处单击鼠标左键，将出现控制线和控制点，效果如图 3-30 所示。

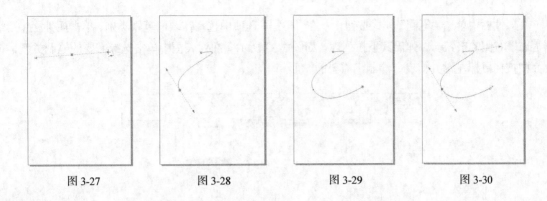

图 3-27   图 3-28   图 3-29   图 3-30

提示 当确定一个节点后，在这个节点上双击，再单击确定下一个节点后出现直线。当确定一个节点后，在这个节点上双击，再单击确定下一个节点并拖曳这个节点后出现曲线。

3.1.4 艺术笔工具

在 CorelDRAW X6 中，使用"艺术笔"工具 可以绘制出多种精美的线条和图形，可以模仿画笔的真实效果，在画面中产生丰富的变化。通过使用"艺术笔"工具可以绘制出不同风格的设计作品。

选择"艺术笔"工具 ，属性栏如图 3-31 所示，其中包含了 5 种模式 ，分别是"预设"模式、"笔刷"模式、"喷涂"模式、"书法"模式和"压力"模式。下面具体介绍这 5 种模式。

图 3-31

1．预设模式

该模式提供了多种线条类型，并且可以改变曲线的宽度。单击属性栏中"预设笔触"右侧的按钮 ，弹出其下拉列表，如图 3-32 所示。在线条列表框中单击选择需要的线条类型。

单击属性栏中的"手绘平滑"设置区，弹出滑动条 ，拖曳滑动条或输入数值可以调节绘图时线条的平滑程度。在"笔触宽度" 中输入数值可以设置曲线的宽度。选择"预设"模式和线条类型后，鼠标的光标变为 图标，在绘图页面中按住鼠标左键并拖曳，可以绘制出封闭的线条图形。

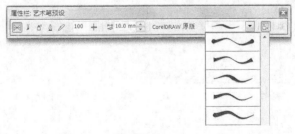

图 3-32

2．笔刷模式

该模式提供了多种颜色样式的笔刷，将笔刷运用在绘制的曲线上，可以绘制出漂亮的曲线效果。

在属性栏中单击"笔刷"模式按钮 ，在"类别"选项中选择需要的笔刷类别，单击属性栏中"笔刷笔触"右侧的按钮 ，弹出其下拉列表，如图 3-33 所示。在列表框中单击选择需要的笔刷类型，在页面中按住鼠标左键并拖曳，绘制出需要的图形。

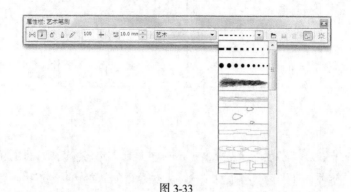

图 3-33

3．喷涂模式

该模式提供了多种有趣的图形对象，图形对象可以应用在绘制的曲线上。可以在属性栏的"喷射图样"下拉列表中选择喷雾的形状来绘制需要的图形。

在属性栏中单击"喷涂"模式按钮 ，属性栏如图 3-34 所示。在"类别"选项中选择需要的喷涂类别，单击属性栏中"喷射图样"右侧的按钮 ，弹出其下拉列表，如图 3-35 所示。在列表框中单击选择需要的喷涂类型。单击属性栏中"喷涂顺序" 右侧的按钮，弹出下拉列表，可以选择喷出图形的顺序。选择"随机"选项，喷出的图形将会随机分布；选择"顺序"选项，喷出的图形将会以方形区域分布；选择"按方向"选项，喷出的图形将会随鼠标拖曳的路径分布。在页面中按住鼠标左键并拖曳，绘制出需要的图形。

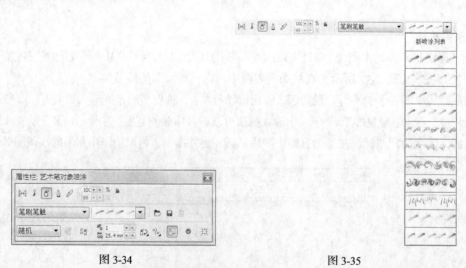

图 3-34   图 3-35

4．书法模式

该模式可以绘制出类似书法笔的效果，可以改变曲线的粗细。

在属性栏中单击"书法"模式按钮 ，属性栏如图 3-36 所示。在属性栏的"书法的角度" 中可以设置"笔触"和"笔尖"的角度。如果角度值设为 0°，书法笔垂直方向画出的线条最粗，笔尖是水平的。如果角度值设置为 90°，书法笔水平方向画出的线条最粗，笔尖是垂直的。在绘图页面中按住鼠标左键并拖曳，绘制出需要的图形。

图 3-36

5．压力模式

该模式可以用压力感应笔或键盘输入的方式改变线条的粗细，应用好这个功能可以绘制出特殊的图形效果。

在属性栏的"预置笔触列表"模式中选择需要的笔刷，单击"压力"模式按钮 ，属性栏如图 3-37 所示。在"压力"模式中设置好压力感应笔的平滑度和笔刷的宽度，在绘图页面中按住鼠标左键并拖曳，绘制出需要的图形。

图 3-37

3.1.5　钢笔工具

钢笔工具可以绘制出多种精美的曲线和图形，还可以对已绘制的曲线和图形进行编辑和修改。在 CorelDRAW X6 中绘制的各种复杂图形都可以通过钢笔工具来完成。

1．绘制直线和折线

选择"钢笔"工具 ，在绘图页面中单击鼠标左键以确定直线的起点，拖曳鼠标指针到需要的位置，再单击鼠标左键以确定直线的终点，绘制出一段直线，效果如图 3-38 所示。继续单击鼠标左键确定下一个节点就可以绘制出折线的效果。如果想绘制出多个折角的折线，只要继续单击鼠标左键确定节点就可以了，折线的效果如图 3-39 所示。要结束绘制，按 Esc 键或单击"钢笔"工具 即可。

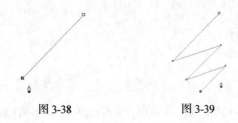

图 3-38　　　　　　　　　图 3-39

2．绘制曲线

选择"钢笔"工具 ，在绘图页面中单击鼠标左键以确定曲线的起点。松开鼠标左键，将光标移动到需要的位置再单击并按住鼠标左键不动，在两个节点间出现一条直线段，如图 3-40 所示。拖曳鼠标，第 2 个节点的两边出现控制线和控制点，控制线和控制点会随着光标的移动而发生变化，直线段变为曲线的形状，如图 3-41 所示。调整到需要的效果后松开鼠标左键，曲线的效果如图 3-42 所示。

图 3-40   图 3-41   图 3-42

使用相同的方法可以继续对曲线进行绘制，效果如图 3-43 和图 3-44 所示。绘制完成的曲线效果如图 3-45 所示。

如果想在绘制的曲线后绘制出直线，按住 C 键，在要继续绘制出直线的节点上按住鼠标左键并拖曳，这时出现节点的控制点。松开 C 键，将控制点拖曳到下一个节点的位置，如图 3-46 所示。松开鼠标左键，再单击鼠标左键，可以绘制出一段直线，效果如图 3-47 所示。

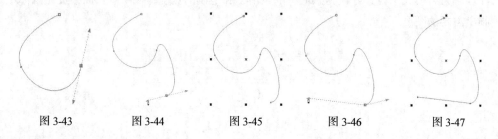

图 3-43   图 3-44   图 3-45   图 3-46   图 3-47

3．编辑曲线

在"钢笔"工具属性栏中选择"自动添加或删除节点"按钮 ，曲线绘制的过程变为自动添加或删除节点模式。

将"钢笔"工具的光标移动到节点上，光标变为删除节点图标 ，如图 3-48 所示。单击鼠标左键可以删除节点，效果如图 3-49 所示。

将"钢笔"工具的光标移动到曲线上，光标变为添加节点图标 ，如图 3-50 所示。单击鼠标左键可以添加节点，效果如图 3-51 所示。

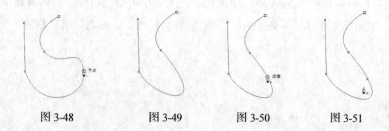

图 3-48   图 3-49   图 3-50   图 3-51

将"钢笔"工具的光标移动到曲线的起始点，光标变为闭合曲线图标 ，如图 3-52 所示。单击鼠标左键可以闭合曲线，效果如图 3-53 所示。

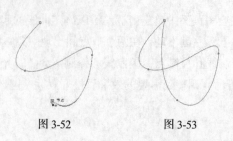

图 3-52   图 3-53

技巧　绘制曲线的过程中，按住 Alt 键，可以编辑曲线段、进行节点的转换、移动和调整等操作；松开 Alt 键可以继续进行绘制。

3.2 编辑曲线

在 CorelDRAW X6 中，完成曲线或图形的绘制后，可能还需要进一步地调整曲线或图形来达到设计方面的要求，这时就需要使用 CorelDRAW X6 的编辑曲线功能来进行更完善的编辑。

命令介绍

转换直线为曲线：用于将直线转换为曲线，在曲线上出现节点，图形的对称性被保持。

生成对称节点：用于将节点两边控制线的长度调为相等，两边曲线的曲率也相等。

3.2.1 课堂案例——绘制扇子

【案例学习目标】学习使用编辑曲线工具绘制扇子。

【案例知识要点】使用椭圆形工具、贝塞尔工具和移除前面对象按钮制作扇形，使用形状工具调整扇骨图形的节点，效果如图 3-54 所示。

【效果所在位置】Ch03/效果/绘制扇子.cdr。

图 3-54

1. 制作扇面图形

（1）选择"文件 > 打开"命令，弹出"打开绘图"对话框。选择本书学习资源中的"Ch03 > 素材 > 绘制扇子 > 01"文件，单击"打开"按钮，效果如图 3-55 所示。

（2）选择"椭圆形"工具○，按住 Ctrl 键的同时绘制一个圆形，如图 3-56 所示。选择"贝塞尔"工具✎，绘制一个不规则图形，如图 3-57 所示。

扫码观看
本案例视频

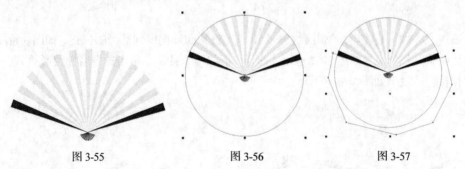

图 3-55　　　　　　　　图 3-56　　　　　　　　图 3-57

（3）选择"选择"工具▷，用圈选的方法，同时选中圆形和不规则图形，单击属性栏中的"移除前面对象"按钮▢，将图形剪切为扇形，效果如图 3-58 所示。

（4）选择"椭圆形"工具○，按住 Ctrl 键的同时绘制一个圆形，如图 3-59 所示。选择"选择"工具▷，按住 Shift 键的同时将圆形和扇形同时选取，单击属性栏中的"移除前面对象"按钮▢，将两个图形剪切为一个图形，效果如图 3-60 所示。

图 3-58　　　　　　　　图 3-59　　　　　　　　图 3-60

（5）选择"选择"工具 ，设置图形填充颜色的 CMYK 值为 10、10、30、0，填充图形。在"CMYK 调色板"中的"60%黑"色块上单击鼠标右键，填充图形的轮廓线，效果如图 3-61 所示。选择"排列 ＞ 顺序 ＞ 到页面后面"命令，将扇形图形放置在其他图形的后面，如图 3-62 所示。

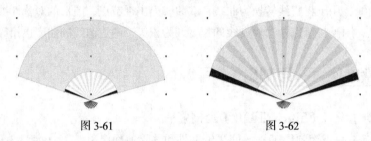

图 3-61　　　　　　　　　　　图 3-62

（6）选择"形状"工具 ，在扇面转折处双击鼠标，添加新的节点，效果如图 3-63 所示。用相同的方法，在扇面其他转折处添加节点，如图 3-64 所示。用圈选的方法同时选中所有添加的节点，单击属性栏中的"转换为线条"按钮 ，将曲线节点转换为直线节点，效果如图 3-65 所示。

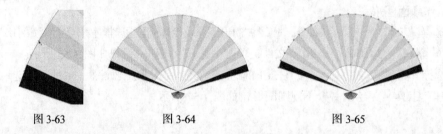

图 3-63　　　　　　　　图 3-64　　　　　　　　图 3-65

（7）选择"形状"工具 ，单击选中一个节点，将其向外拖曳到适当的位置，如图 3-66 所示。用相同的方法调整其他节点，如图 3-67 所示。选择"形状"工具 ，单击选中扇骨图形的节点，使之与扇面形状相符合，效果如图 3-68 所示。

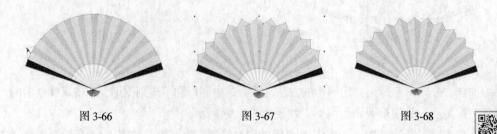

图 3-66　　　　　　　　图 3-67　　　　　　　　图 3-68

2. 导入图片并编辑

（1）选择"文件 ＞ 导入"命令，弹出"导入"对话框。选择本书学习资源中的"Ch03 ＞

素材 > 绘制扇子 > 02"文件，单击"导入"按钮，在页面中单击导入图片，效果如图 3-69 所示。按 Shift+PageDown 组合键，将图片向下移动到最底层，效果如图 3-70 所示。

图 3-69 图 3-70

（2）选择"效果 > 图框精确剪裁 > 置于图文框内部"命令，鼠标的光标变为黑色箭头形状，在图形上单击，如图 3-71 所示。将图片置入背景中，效果如图 3-72 所示。扇子绘制完成，效果如图 3-73 所示。

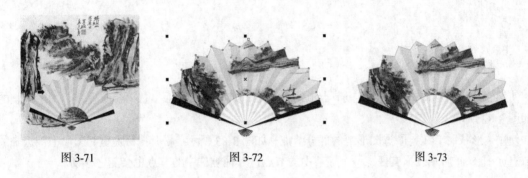

图 3-71 图 3-72 图 3-73

3.2.2 编辑曲线的节点

节点是构成图形对象的基本要素，用"形状"工具 ，选择曲线或图形对象后，会显示曲线或图形的全部节点。通过移动节点和节点的控制点、控制线可以编辑曲线或图形的形状，还可以通过增加和删除节点来进一步编辑曲线或图形。

绘制一条曲线，如图 3-74 所示。使用"形状"工具 ，单击选中曲线上的节点，如图 3-75 所示。弹出的属性栏如图 3-76 所示。

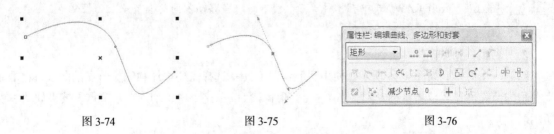

图 3-74 图 3-75 图 3-76

在属性栏中有 3 种节点类型：尖突节点、平滑节点和对称节点。节点类型的不同决定了节点控制点的属性也不同，单击属性栏中的按钮可以转换 3 种节点的类型。

尖突节点：尖突节点的控制点是独立的，当移动一个控制点时，另外一个控制点并不移动，从而使通过尖突节点的曲线能够尖突弯曲。

平滑节点：平滑节点的控制点之间是相关的，当移动一个控制点时，另外一个控制点也会随之移动，通过平滑节点连接的线段将产生平滑过渡。

对称节点：对称节点的控制点不仅是相关的，而且控制点和控制线的长度是相等的，从而使对称节点两边曲线的曲率也相等。

1. 选取并移动节点

绘制一个图形，如图 3-77 所示。选择"形状"工具，单击鼠标左键选取节点，如图 3-78 所示，按住鼠标左键拖曳，节点被移动，如图 3-79 所示。松开鼠标左键，图形调整的效果如图 3-80 所示。

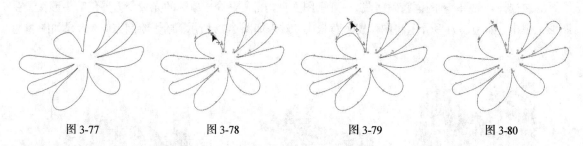

| 图 3-77 | 图 3-78 | 图 3-79 | 图 3-80 |

使用"形状"工具选中并拖曳节点上的控制点，如图 3-81 所示。松开鼠标左键，图形调整的效果如图 3-82 所示。

使用"形状"工具圈选图形上的部分节点，如图 3-83 所示。松开鼠标左键，图形中被选中的部分节点如图 3-84 所示。拖曳任意一个被选中的节点，其他被选中的节点也会随之移动。

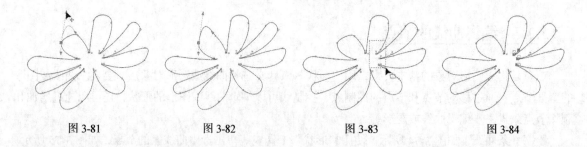

| 图 3-81 | 图 3-82 | 图 3-83 | 图 3-84 |

提示　因为在 CorelDRAW X6 中有 3 种节点类型，所以当移动不同类型节点上的控制点时，图形的形状也会有不同形式的变化。

2. 增加或删除节点

绘制一个图形，如图 3-85 所示。使用"形状"工具选择需要增加和删除节点的曲线，在曲线上要增加节点的位置双击鼠标左键，如图 3-86 所示，可以在这个位置增加一个节点，效果如图 3-87 所示。

单击属性栏中的"添加节点"按钮，也可以在曲线上增加节点。

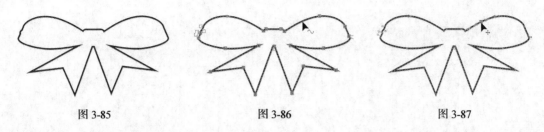

图 3-85　　　　　　　　　图 3-86　　　　　　　　　图 3-87

将鼠标的光标放在要删除的节点上并双击鼠标左键，如图 3-88 所示，可以删除这个节点，效果如图 3-89 所示。

选中要删除的节点，单击属性栏中的"删除节点"按钮 ，也可以在曲线上删除选中的节点。

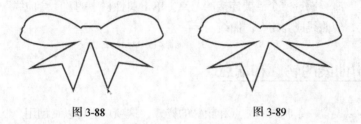

图 3-88　　　　　　　　　图 3-89

技巧　　如果需要在曲线和图形中删除多个节点，可以先按住 Shift 键，再用鼠标选择要删除的多个节点，选择好后按 Delete 键。当然也可以使用圈选的方法选择需要删除的多个节点，选择好后按 Delete 键。

3. 断开节点

在曲线中要断开的节点上单击，选中该节点，如图 3-90 所示。单击属性栏中的"断开曲线"按钮 ，断开节点。选择"选择"工具 ，曲线效果如图 3-91 所示。

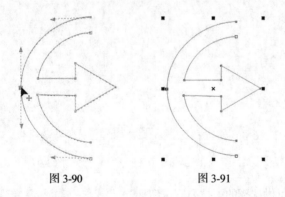

图 3-90　　　　　　　　　图 3-91

技巧　　在绘制图形的过程中有时需要将开放的路径闭合。选择"排列 > 闭合路径"下的各个菜单命令，可以以直线或曲线方式闭合路径。

4. 合并和连接节点

使用"形状"工具 圈选两个需要合并的节点，如图 3-92 所示。两个节点被选中，如图 3-93 所示，单击属性栏中的"连接两个节点"按钮 ，将节点合并，使曲线成为闭合的曲线，如图 3-94 所示。

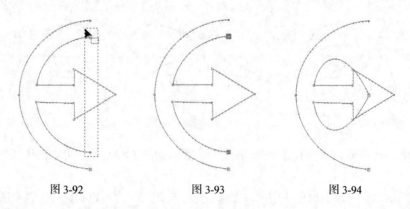

图 3-92　　　　　　　图 3-93　　　　　　　图 3-94

使用"形状"工具 ，圈选两个需要连接的节点，单击属性栏中的"闭合曲线"按钮 ，可以将两个节点以直线连接，使曲线成为闭合的曲线。

3.2.3　编辑曲线的轮廓和端点

通过属性栏可以设置一条曲线的端点和轮廓的样式，这项功能可以帮助用户制作出非常实用的图形效果。

绘制一条曲线，再用"选择"工具 选择这条曲线，如图 3-95 所示。这时的属性栏如图 3-96 所示。在属性栏中单击"轮廓宽度" .2 mm 右侧的按钮 ，弹出轮廓宽度的下拉列表，如图 3-97 所示。在其中进行选择，将曲线变宽，效果如图 3-98 所示，也可以在"轮廓宽度"框中输入数值后，按 Enter 键，设置曲线宽度。

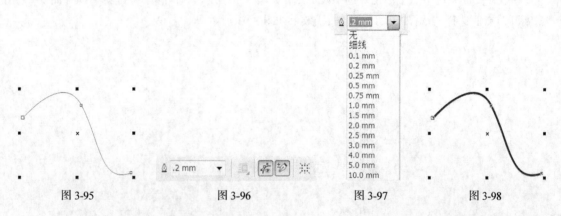

图 3-95　　　　　　　图 3-96　　　　　　　图 3-97　　　　　　　图 3-98

在属性栏中有 3 个可供选择的下拉列表按钮 ，按从左到右的顺序分别是"起始箭头" 、"轮廓样式" 和"终止箭头" 。单击"起始箭头" 上的黑色三角按钮，弹出"起始箭头"下拉列表框，如图 3-99 所示。单击需要的箭头样式，在曲线的起始点会出现选择的箭头，效果如图 3-100 所示。单击"轮廓样式" 上的黑色三角按钮，弹出"轮廓样式"下拉列表框，如图 3-101 所示。单击需要的轮廓样式，曲线的样式被改变，效果如图 3-102 所示。单击"终止箭头" 上的黑色三角按钮，弹出"终止箭头"下拉列表框，如图 3-103 所示。单击需要的箭头样式，在曲线的终止点会出现选择的箭头，如图 3-104 所示。

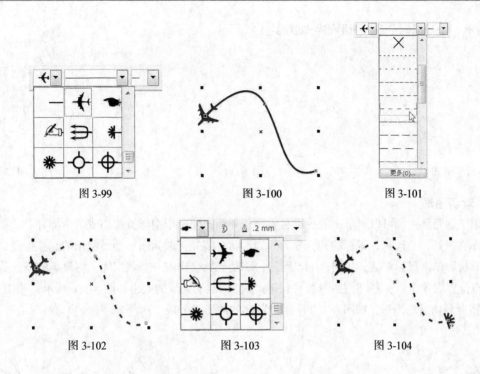

图 3-99　　　　　　　　图 3-100　　　　　　　　图 3-101

图 3-102　　　　　　　　图 3-103　　　　　　　　图 3-104

3.2.4　编辑和修改几何图形

使用矩形、椭圆形和多边形工具绘制的图形都是简单的几何图形。这类图形有其特殊的属性，图形上的节点比较少，只能对其进行简单的编辑。如果想对其进行更复杂的编辑，就需要将简单的几何图形转换为曲线。

1. 使用"转换为曲线"按钮⊙

使用"椭圆形"工具◯，按 Ctrl 键，绘制一个圆形，效果如图 3-105 所示；在属性栏中单击"转换为曲线"按钮⊙，将圆形转换成曲线图形，在曲线图形上增加了多个节点，如图 3-106 所示；使用"形状"工具︐，拖曳圆形上的节点，如图 3-107 所示；松开鼠标左键，调整后的图形效果如图 3-108 所示。

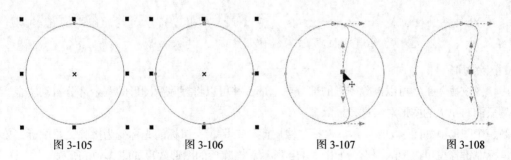

图 3-105　　　　　　图 3-106　　　　　　图 3-107　　　　　　图 3-108

2. 使用"转换直线为曲线"按钮

使用"多边形"工具◯绘制一个多边形，如图 3-109 所示；选择"形状"工具︐，单击需要选中的节点，如图 3-110 所示；单击属性栏中的"转换直线为曲线"按钮，将直线转换为曲线，在曲线上出现节点，图形的对称性被保持，如图 3-111 所示；使用"形状"工具︐拖曳节点调整图形，如图

3-112 所示。松开鼠标左键，图形效果如图 3-113 所示。

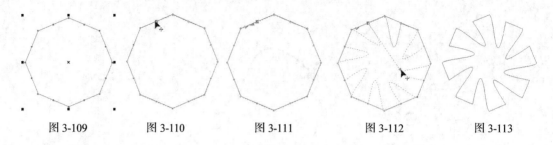

图 3-109   图 3-110   图 3-111   图 3-112   图 3-113

3. 裁切图形

使用"刻刀"工具可以对单一的图形对象进行裁切，使一个图形被裁切成两个部分。

选择"刻刀"工具 ✐，鼠标的光标变为刻刀形状。将光标放到图形准备裁切的起点位置，光标变为竖直形状后单击鼠标左键，如图 3-114 所示；移动光标会出现一条裁切线，将鼠标的光标放在裁切线的终点位置后单击鼠标左键，如图 3-115 所示；图形裁切完成的效果如图 3-116 所示；使用"选择"工具 ↖ 拖曳裁切后的图形，如图 3-117 所示，裁切的图形被分成了两部分。

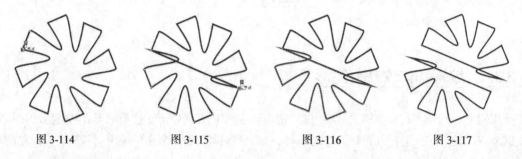

图 3-114   图 3-115   图 3-116   图 3-117

在裁切前单击"保留为一个对象"按钮 ⬚，在图形被裁切后，裁切的两部分还属于一个图形对象。若不单击此按钮，在裁切后可以得到两个相互独立的图形。按 Ctrl+K 组合键，可以拆分切割后的曲线。

单击"裁切时自动闭合"按钮 ⬚，在图形被裁切后，裁切的两部分将自动生成闭合的曲线图形，并保留其填充的属性；若不单击此按钮，在图形被裁切后，裁切的两部分将不会自动闭合，同时图形会失去填充属性。

技巧　　按住 Shift 键，使用"刻刀"工具 ✐ 将以贝塞尔曲线的方式裁切图形。已经经过渐变、群组及特殊效果处理的图形和位图都不能使用刻刀工具来裁切。

4. 擦除图形

使用"橡皮擦"工具可以擦除图形的部分或全部，并可以将擦除后图形的剩余部分自动闭合。橡皮擦工具只能对单一的图形对象进行擦除。

绘制一个图形，如图 3-118 所示。选择"橡皮擦"工具 ✐，鼠标的光标变为擦除工具图标，单击并按住鼠标左键拖曳可以擦除图形，如图 3-119 所示。擦除后的图形效果如图 3-120 所示。

"橡皮擦"工具属性栏如图 3-121 所示。"橡皮擦厚度" ⬚ 1.27 mm ⬚ 可以设置擦除的宽度；单击"减少节点"按钮 ⬚，可以在擦除时自动平滑边缘；单击"橡皮擦形状"按钮 ○ 可以转换橡皮擦的形状为方形或圆形擦除图形。

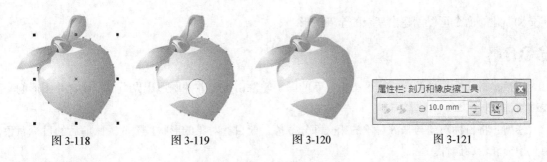

图 3-118 　　　　 图 3-119 　　　　 图 3-120 　　　　 图 3-121

5．修饰图形

使用"涂抹笔刷"工具 和"粗糙笔刷"工具 可以修饰已绘制的矢量图形。

绘制一个图形，如图 3-122 所示。选择"涂抹笔刷"工具 ，其属性栏如图 3-123 所示。在图上拖曳，制作出需要的涂抹效果，如图 3-124 所示。

图 3-122 　　　　　　　　 图 3-123 　　　　　　　　 图 3-124

绘制一个图形，如图 3-125 所示。选择"粗糙笔刷"工具 ，其属性栏如图 3-126 所示。在图形边缘拖曳，制作出需要的粗糙效果，如图 3-127 所示。

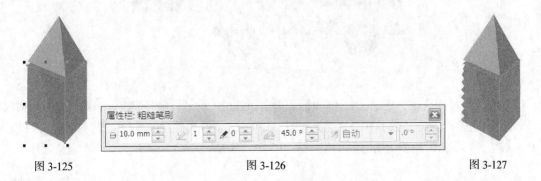

图 3-125 　　　　　　　　 图 3-126 　　　　　　　　 图 3-127

> **提示** "涂抹笔刷"工具 和"粗糙笔刷"工具 可以应用的矢量对象有：开放/闭合的路径、纯色和交互式渐变填充、交互式透明和交互式阴影效果的对象。不可以应用的矢量对象有：交互式调和、立体化的对象和位图。

3.3 修整图形

在 CorelDRAW X6 中，修整功能是编辑图形对象非常重要的手段。使用修整功能中的焊接、修剪、相交和简化等命令可以创建出复杂的全新图形。

命令介绍

焊接：将几个图形结合成一个图形，新的图形轮廓由被合并的图形边界组成，被合并图形的交叉线都将消失。

修剪：将目标对象与来源对象的相交部分裁掉，使目标对象的形状被更改。修剪后的目标对象保留其填充和轮廓属性。

相交：将两个或两个以上对象的相交部分保留，使相交的部分成为一个新的图形对象。新创建图形对象的填充和轮廓属性将与目标对象相同。

移除后面对象：减去后面图形，并减去前后图形的重叠部分，保留前面图形的剩余部分。

移除前面对象：减去前面图形，并减去前后图形的重叠部分，保留后面图形的剩余部分。

3.3.1　课堂案例——绘制校车

【案例学习目标】学习使用整形工具绘制校车图形。

【案例知识要点】使用矩形工具、合并命令和移除前面对象命令绘制车身图形，使用椭圆形工具和贝塞尔工具绘制车轮，效果如图 3-128 所示。

【效果所在位置】Ch03/效果/绘制校车.cdr。

图 3-128

（1）按 Ctrl+N 组合键，新建一个 A4 页面。单击属性栏中的"横向"按钮，页面显示为横向页面。选择"矩形"工具，绘制一个矩形，如图 3-129 所示。在属性栏中进行设置，如图 3-130 所示，按 Enter 键，效果如图 3-131 所示。

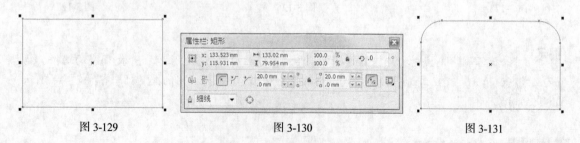

图 3-129　　　　　　　　　　图 3-130　　　　　　　　　　图 3-131

（2）选择"矩形"工具，绘制一个矩形，如图 3-132 所示。在属性栏中进行设置，如图 3-133 所示，按 Enter 键，效果如图 3-134 所示。

图 3-132　　　　　　　　　　　图 3-133　　　　　　　　　　　图 3-134

（3）选择"选择"工具 ▯，用圈选的方法将图形同时选取，如图 3-135 所示。单击属性栏中的"合并"按钮 ▯，合并为一个图形，设置图形颜色的 CMYK 值为 0、30、100、0，填充图形，去除图形的轮廓线，效果如图 3-136 所示。

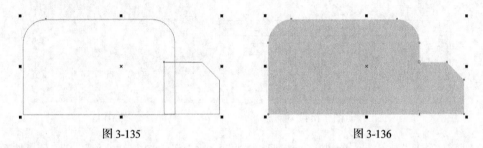

图 3-135　　　　　　　　　　　　　　　　　　图 3-136

（4）选择"矩形"工具 ▯，绘制一个矩形，在属性栏中进行设置，如图 3-137 所示，按 Enter 键，效果如图 3-138 所示。

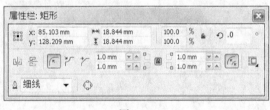

图 3-137　　　　　　　　　　　　　　　　　图 3-138

（5）选择"选择"工具 ▯，按数字键盘上的+键复制图形。按住 Ctrl 键的同时向右拖矩形图形到适当的位置，如图 3-139 所示。按住 Ctrl 键的同时连续点按 D 键，再制出多个图形，效果如图 3-140 所示。

图 3-139　　　　　　　　　　　　　　　　图 3-140

（6）选择"选择"工具 ▯，用圈选的方法将矩形图形同时选取，如图 3-141 所示。按 Ctrl+G 组合键，将其群组。按住 Shift 键的同时选取车身图形，如图 3-142 所示。单击属性栏中的"移除前面对象"按钮 ▯，将图形修剪为一个图形，效果如图 3-143 所示。

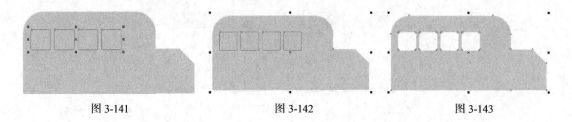

图 3-141　　　　　　　　　　图 3-142　　　　　　　　　　图 3-143

（7）选择"矩形"工具 □，绘制一个矩形，在属性栏中进行设置，如图 3-144 所示，按 Enter 键，效果如图 3-145 所示。

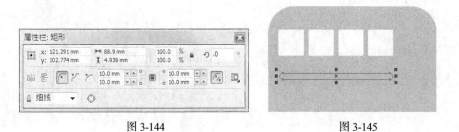

图 3-144　　　　　　　　　　　　　　　　图 3-145

（8）选择"矩形"工具 □，绘制一个矩形，如图 3-146 所示。选择"选择"工具 ↖，按数字键盘上的+键复制图形。按住 Ctrl 键的同时向右拖曳矩形图形到适当的位置，如图 3-147 所示。按住 Ctrl 键的同时连续点按 D 键，再制出多个图形，效果如图 3-148 所示。

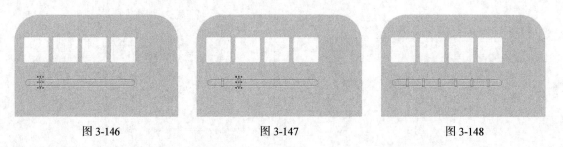

图 3-146　　　　　　　　　　图 3-147　　　　　　　　　　图 3-148

（9）选择"选择"工具 ↖，用圈选的方法将矩形图形同时选取，如图 3-149 所示。按 Ctrl+G 组合键将其群组。按住 Shift 键的同时选取圆角矩形图形。单击属性栏中的"移除前面对象"按钮 ◫，将图形修剪为一个图形，效果如图 3-150 所示。设置图形颜色的 CMYK 值为 73、84、100、67，填充图形，并去除图形的轮廓线，效果如图 3-151 所示。

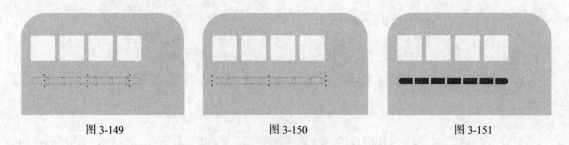

图 3-149　　　　　　　　　　图 3-150　　　　　　　　　　图 3-151

（10）选择"矩形"工具 □，绘制一个矩形，在属性栏中进行设置，如图 3-152 所示，按 Enter 键，效果如图 3-153 所示。

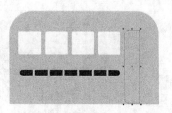

图 3-152   图 3-153

（11）选择"矩形"工具 ▢，绘制一个矩形，在属性栏中进行设置，如图 3-154 所示，按 Enter 键，效果如图 3-155 所示。

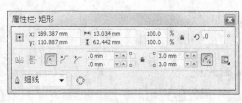

图 3-154   图 3-155

（12）选择"选择"工具 ▷，用圈选的方法将矩形图形同时选取，如图 3-156 所示。按 F12 键，弹出"轮廓笔"对话框，在"颜色"选项中设置轮廓线颜色的 CMYK 值为 0、20、20、80，其他选项的设置如图 3-157 所示，单击"确定"按钮，效果如图 3-158 所示。

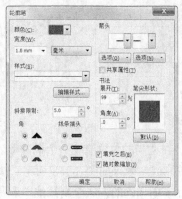

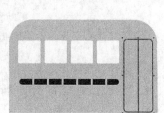

图 3-156   图 3-157   图 3-158

（13）选择"矩形"工具 ▢，绘制一个矩形，在属性栏中进行设置，如图 3-159 所示，按 Enter 键，效果如图 3-160 所示。选择"选择"工具 ▷，按数字键盘上的+键复制图形，按住 Ctrl 键的同时水平向右拖曳到适当的位置，效果如图 3-161 所示。用相同的方法绘制其他图形，效果如图 3-162 所示。

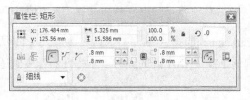

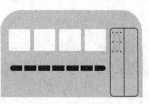

图 3-159   图 3-160

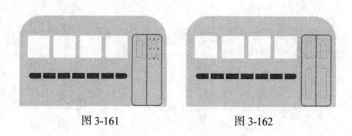

图 3-161   图 3-162

（14）选择"选择"工具 ，用圈选的方法将矩形图形同时选取，如图 3-163 所示。按 Ctrl+G 组合键将其群组。按住 Shift 键的同时选取车身图形，如图 3-164 所示。单击属性栏中的"移除前面对象"按钮 ，将图形修剪为一个图形，效果如图 3-165 所示。

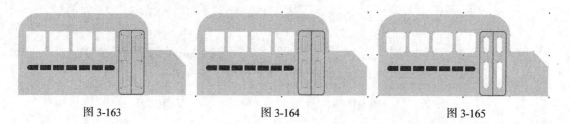

图 3-163   图 3-164   图 3-165

（15）选择"贝塞尔"工具 ，在适当的位置绘制一个图形。设置填充色的 CMYK 值为 40、0、0、0，填充图形并去除图形的轮廓线，效果如图 3-166 所示。按 Shift+PageDown 组合键，将其移动到最后一层，效果如图 3-167 所示。

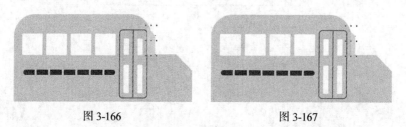

图 3-166   图 3-167

（16）选择"椭圆形"工具 ，在适当的位置绘制一个椭圆形。设置图形颜色的 CMYK 值为 40、0、0、0，填充图形并去除图形的轮廓线，效果如图 3-168 所示。按 Shift+PageDown 组合键，将其移动到最后一层，效果如图 3-169 所示。用相同的方法绘制其他图形并填充相同的颜色，效果如图 3-170 所示。

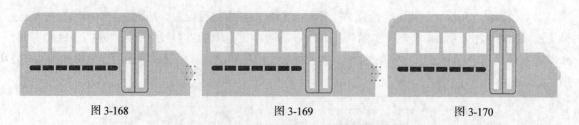

图 3-168   图 3-169   图 3-170

（17）选择"椭圆形"工具 ，按住 Ctrl 键的同时，绘制一个圆形，如图 3-171 所示。选择"选择"工具 ，单击数字键盘上的+键复制圆形，按住 Ctrl 键的同时，水平向右拖曳到适当的位置，如图 3-172 所示。

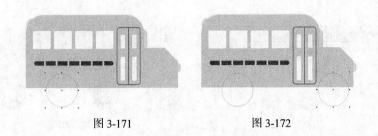

图 3-171　　　　　　　　　　　图 3-172

（18）选择"选择"工具　，用圈选的方法将圆形图形同时选取，按 Ctrl+G 组合键将其群组。按住 Shift 键的同时选取车身图形，如图 3-173 所示。单击属性栏中的"移除前面对象"按钮　，将图形修剪为一个图形，效果如图 3-174 所示。

图 3-173　　　　　　　　　　　图 3-174

（19）选择"椭圆形"工具　，按住 Ctrl 键的同时绘制一个圆形。设置图形颜色的 CMYK 值为 73、84、100、67，填充图形并去除图形的轮廓线，效果如图 3-175 所示。用相同的方法绘制其他圆形并分别填充适当的颜色，效果如图 3-176 所示。

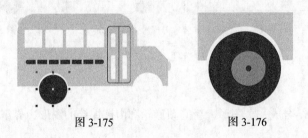

图 3-175　　　　　　　　　　　图 3-176

（20）选择"贝塞尔"工具　，在适当的位置绘制一个图形。设置填充色的 CMYK 值为 0、30、100、15，填充图形并去除图形的轮廓线，效果如图 3-177 所示。用相同的方法绘制其他车轮图形，效果如图 3-178 所示。

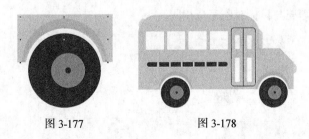

图 3-177　　　　　　　　　　　图 3-178

（21）选择"矩形"工具　，绘制一个矩形，在属性栏中进行设置，如图 3-179 所示，按 Enter 键，效果如图 3-180 所示。设置图形颜色的 CMYK 值为 73、84、100、67，填充图形并去除图形的轮廓线，效果如图 3-181 所示。按 Shift+PageDown 组合键，将其移动到最后一层，效果如图 3-182 所示。

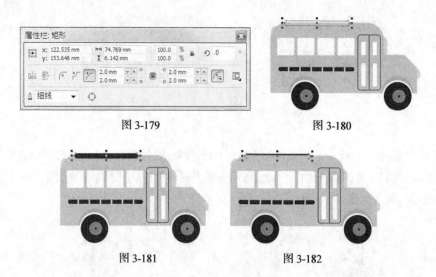

图 3-179　　　　　　　　　　　　　图 3-180

图 3-181　　　　　　　　　　　　　图 3-182

（22）选择"矩形"工具 □ ，绘制一个矩形，在属性栏中进行设置，如图 3-183 所示，按 Enter 键，设置图形颜色的 CMYK 值为 73、84、100、67，填充图形并去除图形的轮廓线，效果如图 3-184 所示。用相同的方法绘制其他图形并填充相同的颜色，效果如图 3-185 所示。校车绘制完成。

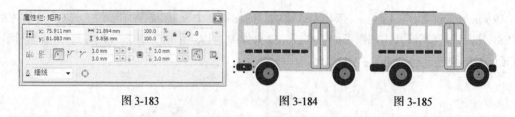

图 3-183　　　　　　图 3-184　　　　　　图 3-185

3.3.2　焊接

焊接是将几个图形结合成一个图形，新的图形轮廓由被焊接的图形边界组成，被焊接图形的交叉线都将消失。

使用"选择"工具 ，选中要焊接的图形，如图 3-186 所示。选择"窗口 > 泊坞窗 > 造形"命令，弹出如图 3-187 所示的"造形"泊坞窗。在"造形"泊坞窗中选择"焊接"选项，再单击"焊接到"按钮，将鼠标的光标放到目标对象上单击，如图 3-188 所示。焊接后的效果如图 3-189 所示，新生成图形对象的边框和颜色填充与目标对象完全相同。

图 3-186　　　　　　图 3-187　　　　　　图 3-188　　　　　　图 3-189

在进行焊接操作之前，可以在"造形"泊坞窗中设置是否"保留原始源对象"和"保留原目标对象"。选择"保留原始源对象"和"保留原目标对象"选项，如图 3-190 所示。再焊接图形对象时，原始对象和目标对象都被保留，效果如图 3-191 所示。保留原始对象和目标对象对"修剪"和"相交"功能也适用。

图 3-190   图 3-191

选择几个要焊接的图形后，选择"排列 > 造形 > 合并"命令，或单击属性栏中的"合并"按钮 🖳，可以完成多个对象的焊接。

3.3.3 修剪

修剪是将目标对象与原始对象的相交部分裁掉，使目标对象的形状被更改。修剪后的目标对象保留其填充和轮廓属性。

使用"选择"工具 🗽，选择其中的原始对象，如图 3-192 所示。在"造形"泊坞窗中选择"修剪"选项，如图 3-193 所示。单击"修剪"按钮，将鼠标的光标放到目标对象上单击，如图 3-194 所示。修剪后的效果如图 3-195 所示，修剪后的目标对象保留其填充和轮廓属性。

图 3-192   图 3-193   图 3-194   图 3-195

选择"排列 > 造形 > 修剪"命令，或单击属性栏中的"修剪"按钮 🖳，也可以完成修剪，原始对象和被修剪的目标对象会同时存在于绘图页面中。

> **提示** 圈选多个图形时，最底层的图形对象就是"目标对象"。按住 Shift 键选择多个图形时，最后选中的图形就是"目标对象"。

3.3.4 相交

相交是将两个或两个以上对象的相交部分保留，使相交的部分成为一个新的图形对象。新创建图形对象的填充和轮廓属性将与目标对象相同。

使用"选择"工具 ，选择其中的来源对象，如图 3-196 所示。在"造形"泊坞窗中选择"相交"选项，如图 3-197 所示。单击"相交对象"按钮，将鼠标的光标放到目标对象上单击，如图 3-198 所示。相交后的效果如图 3-199 所示，相交后图形对象将保留目标对象的填充和轮廓属性。

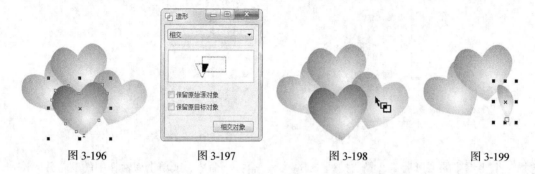

| 图 3-196 | 图 3-197 | 图 3-198 | 图 3-199 |

选择"排列 > 造形 > 相交"命令，或单击属性栏中的"相交"按钮 ，也可以完成相交裁切。原始对象和目标对象以及相交后的新图形对象同时存在于绘图页面中。

3.3.5　简化

简化是减去后面图形中和前面图形的重叠部分，并保留前面图形和后面图形的状态。

使用"选择"工具 ，选中两个相交的图形对象，如图 3-200 所示。在"造形"泊坞窗中选择"简化"选项，如图 3-201 所示。单击"应用"按钮，图形的简化效果如图 3-202 所示。

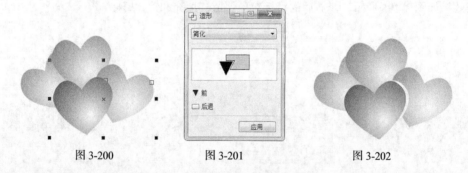

| 图 3-200 | 图 3-201 | 图 3-202 |

选择"排列 > 造形 > 简化"命令，或单击属性栏中的"简化"按钮 ，也可以完成图形的简化。

3.3.6　移除后面对象

移除后面对象是减去后面图形，并减去前后图形的重叠部分，保留前面图形的剩余部分。

使用"选择"工具 ，选中两个相交的图形对象，如图 3-203 所示。在"造形"泊坞窗中选择"移除后面对象"选项，如图 3-204 所示。单击"应用"按钮，移除后面对象效果如图 3-205 所示。

选择"排列 > 造形 > 移除后面对象"命令，或单击属性栏中的"移除后面对象"按钮 ，也可以完成图形前减后的裁切效果。

图 3-203   图 3-204   图 3-205

3.3.7　移除前面对象

移除前面对象是减去前面图形，并减去前后图形的重叠部分，保留后面图形的剩余部分。

使用"选择"工具 ，选中两个相交的图形对象，如图 3-206 所示。在"造形"泊坞窗中选择"移除前面对象"选项，如图 3-207 所示。单击"应用"按钮，移除前面对象效果如图 3-208 所示。

图 3-206   图 3-207   图 3-208

选择"排列 > 造形 > 移除前面对象"命令，或单击属性栏中的"移除前面对象"按钮 ，也可以完成图形后减前的裁切效果。

3.3.8　边界

边界可以快速创建一个所选图形的共同边界。

使用"选择"工具 ，选中要创建边界的图形对象，如图 3-209 所示。在"造形"泊坞窗中选择"边界"选项，如图 3-210 所示。单击"应用"按钮，边界效果如图 3-211 所示。

图 3-209   图 3-210   图 3-211

课堂练习——绘制酒吧插画

【练习知识要点】使用贝塞尔工具和椭圆形工具制作背景效果，使用文本工具添加文字，使用形状工具调整文字的字间距，效果如图 3-212 所示。

【素材所在位置】Ch03/素材/绘制酒吧插画/01。

【效果所在位置】Ch03/效果/绘制酒吧插画.cdr。

图 3-212

课后习题——绘制咖啡标志

【习题知识要点】使用椭圆形工具、矩形工具、合并命令和贝塞尔工具绘制咖啡杯和勺子图形，使用贝塞尔工具和填充工具绘制咖啡豆图形和背景，效果如图 3-213 所示。

【效果所在位置】Ch03/效果/绘制咖啡标志.cdr。

图 3-213

第 **4** 章 编辑 轮廓线与填充颜色

本章介绍

在 CorelDRAW X6 中，绘制一个图形时需要先绘制出该图形的轮廓线，并按设计的需求对轮廓线进行编辑。编辑完成后，就可以使用色彩进行渲染。优秀的设计作品中，色彩的运用非常重要。通过学习本章的内容，读者可以制作出不同效果的图形轮廓线，了解并掌握各种颜色的填充方式和填充技巧。

- -

学习目标

- 掌握轮廓工具和均匀填充的使用方法。
- 掌握渐变填充和图样填充的操作技巧。
- 掌握其他填充的技巧。

- -

技能目标

- 掌握"小天使"的绘制方法。
- 掌握"卡通电视"的绘制方法。
- 掌握"卡通插画"的绘制方法。

4.1 编辑轮廓线和均匀填充

CorelDRAW X6 中提供了丰富的轮廓线和填充设置，可以制作出精美的轮廓线和填充效果。下面具体介绍编辑轮廓线和均匀填充的方法和技巧。

命令介绍

轮廓线：是指一个图形对象的边缘或路径。

均匀填充：在对话框中提供了 3 种设置颜色的方式。分别是模型、混合器和调色板。选择其中的任何一种方式都可以设置需要的颜色。

4.1.1 课堂案例——绘制小天使

【案例学习目标】学习使用几何形状工具和填充工具绘制小天使。

【案例知识要点】使用贝塞尔工具、椭圆形工具和填充工具绘制小天使图形，使用贝塞尔工具和轮廓笔命令绘制翅膀图形，效果如图 4-1 所示。

【效果所在位置】Ch04/效果/绘制小天使.cdr。

图 4-1

（1）按 Ctrl+N 组合键，新建一个 A4 页面。单击属性栏中的"横向"按钮，页面显示为横向页面。选择"贝塞尔"工具，在适当的位置绘制一个图形，设置图形颜色的 CMYK 值为 0、20、40、0，填充图形并去除图形的轮廓线，效果如图 4-2 所示。

（2）选择"贝塞尔"工具，在适当的位置绘制一个图形，如图 4-3 所示。设置图形颜色的 CMYK 值为 0、20、40、60，填充图形并去除图形的轮廓线，效果如图 4-4 所示。按 Shift+PageDown 组合键，后移图形，效果如图 4-5 所示。

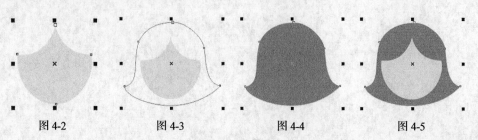

图 4-2   图 4-3   图 4-4   图 4-5

（3）选择"椭圆形"工具 ○ ，在适当的位置绘制两个椭圆形，如图 4-6 所示。选择"选择"工具 ▷ ，用圈选的方法将两个椭圆形同时选取，单击属性栏中的"移除前面对象"按钮 ⬚ ，将两个图形裁切为一个图形，效果如图 4-7 所示。设置图形颜色的 CMYK 值为 0、0、0、100，填充图形并去除图形的轮廓线，效果如图 4-8 所示。

（4）选择"选择"工具 ▷ ，按数字键盘上的+键复制图形。按住 Shift 键的同时水平向右拖曳图形到适当的位置，效果如图 4-9 所示。

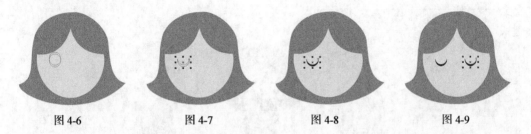

图 4-6　　　　　　　图 4-7　　　　　　　图 4-8　　　　　　　图 4-9

（5）选择"贝塞尔"工具 ✎ ，在适当的位置绘制一条曲线，如图 4-10 所示。按 F12 键，弹出"轮廓笔"对话框，选项的设置如图 4-11 所示，单击"确定"按钮，效果如图 4-12 所示。

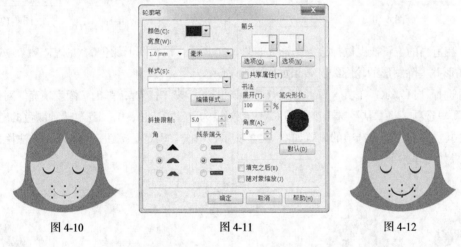

图 4-10　　　　　　　　　图 4-11　　　　　　　　　图 4-12

（6）选择"椭圆形"工具 ○ ，按住 Ctrl 键的同时绘制一个圆形。设置图形颜色的 CMYK 值为 0、100、100、0，填充图形并去除图形的轮廓线，效果如图 4-13 所示。

（7）选择"选择"工具 ▷ ，按数字键盘上的+键复制图形。按住 Shift 键的同时水平向右拖曳复制图形到适当的位置，效果如图 4-14 所示。选择"贝塞尔"工具 ✎ ，在适当的位置绘制一个图形，如图 4-15 所示。

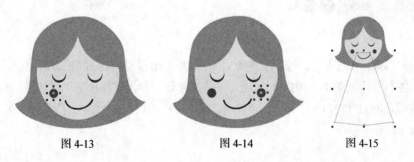

图 4-13　　　　　　　图 4-14　　　　　　　图 4-15

（8）按 F11 键，弹出"渐变填充"对话框，点选"双色"单选框，将"从"选项颜色的 CMYK 值设为 0、100、60、0，"到"选项颜色的 CMYK 值设为 40、100、0、0，其他选项的设置如图 4-16 所示，单击"确定"按钮，填充图形并去除图形的轮廓线，效果如图 4-17 所示。按 Shift+PageDown 组合键，后移图形，效果如图 4-18 所示。

（9）选择"基本形状"工具，单击属性栏中的"完美形状"按钮，在弹出的下拉列表中选择需要的形状，如图 4-19 所示。

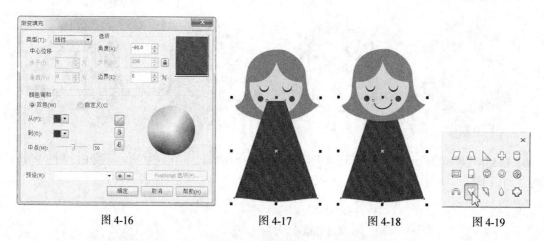

图 4-16   图 4-17   图 4-18   图 4-19

（10）在适当的位置拖曳鼠标绘制图形，如图 4-20 所示。设置图形颜色的 CMYK 值为 76、5、42、0，填充图形并去除图形的轮廓线，效果如图 4-21 所示。

（11）选择"贝塞尔"工具，绘制一个不规则图形。按 F11 键，弹出"渐变填充"对话框，点选"双色"单选项，将"从"选项颜色的 CMYK 值设为 0、20、40、0，"到"选项颜色的 CMYK 值设为 0、20、20、0，其他选项的设置如图 4-22 所示，单击"确定"按钮，填充图形并去除图形的轮廓线，效果如图 4-23 所示。

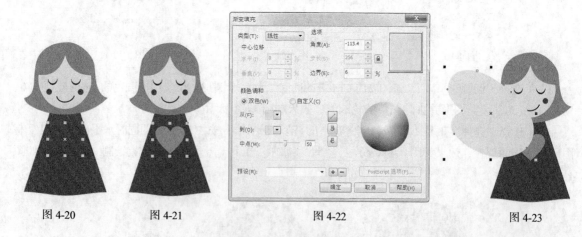

图 4-20   图 4-21   图 4-22   图 4-23

（12）选择"选择"工具，按数字键盘上的+键复制图形。按住 Shift 键的同时拖曳图形右上方的控制手柄，将其等比例缩小，如图 4-24 所示。按 F12 键，弹出"轮廓笔"对话框，在"颜色"选项中设置轮廓线颜色的 CMYK 值为 76、5、42、0，其他选项的设置如图 4-25 所示，单击"确定"按钮，效果如图 4-26 所示。

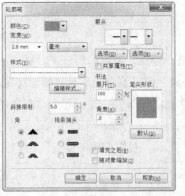

图 4-24   图 4-25   图 4-26

（13）选择"选择"工具 ▷，用圈选的方法选取需要的图形，如图 4-27 所示。按 Ctrl+G 组合键将其群组。按数字键盘上的+键复制图形。单击属性栏中的"水平镜像"按钮 ⏸⏸，水平翻转复制的图形并将其拖曳到适当的位置，效果如图 4-28 所示。

（14）选择"选择"工具 ▷，按住 Shift 键的同时将翅膀图形同时选取，按 Shift+PageDown 组合键，后移图形，效果如图 4-29 所示。

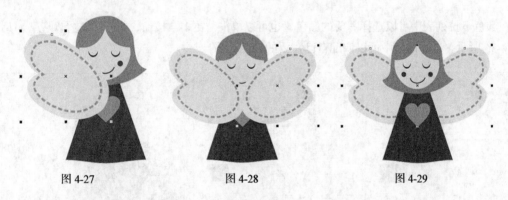

图 4-27   图 4-28   图 4-29

（15）选择"椭圆形"工具 ○，按住 Ctrl 键的同时绘制一个圆形，如图 4-30 所示。按 F12 键，弹出"轮廓笔"对话框，在"颜色"选项中设置轮廓线颜色的 CMYK 值为 76、5、42、0，其他选项的设置如图 4-31 所示，单击"确定"按钮，效果如图 4-32 所示。小天使绘制完成。

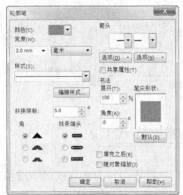

图 4-30   图 4-31   图 4-32

4.1.2　使用轮廓工具

单击"轮廓笔"工具 △ ，弹出"轮廓"工具的展开工具栏，如图 4-33 所示。

展开工具栏中的"轮廓笔"工具，可以编辑图形对象的轮廓线；"轮廓色"工具可以编辑图形对象的轮廓线颜色；11 个按钮都是设置图形对象的轮廓宽度的，分别是无轮廓、细线轮廓、0.1mm、0.2mm、0.25mm、0.5mm、0.75mm、1mm、1.5mm、2mm 和 2.5mm；"彩色"工具，可以弹出"颜色"泊坞窗，对图形的轮廓线颜色进行编辑。

△	轮廓笔　　　F12
◔	轮廓色　位移+F12
✕	无轮廓
⚀	细线轮廓
—	0.1 mm
—	0.2 mm
—	0.25 mm
—	0.5 mm
—	0.75 mm
—	1 mm
—	1.5 mm
—	2 mm
—	2.5 mm
▦	彩色(C)

图 4-33

4.1.3　设置轮廓线的颜色

绘制一个图形对象并使图形对象处于选取状态，单击"轮廓笔"工具 △ ，弹出"轮廓笔"对话框，如图 4-34 所示。

在"轮廓笔"对话框中，"颜色"选项可以设置轮廓线的颜色，在 CorelDRAW X6 的默认状态下，轮廓线被设置为黑色。在颜色列表框 ███▾ 右侧的按钮上单击鼠标左键，打开颜色下拉列表，如图 4-35 所示。

在颜色下拉列表中可以选择需要的颜色，也可以单击"更多"按钮，打开"选择颜色"对话框，如图 4-36 所示。在对话框中可以调配自己需要的颜色。

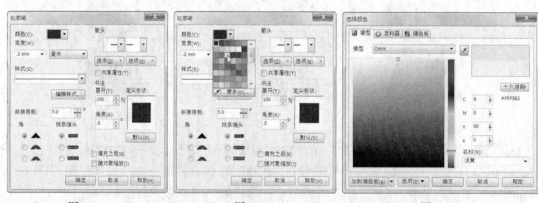

图 4-34　　　　　　　　　　　图 4-35　　　　　　　　　　　图 4-36

设置好需要的颜色后，单击"确定"按钮，可以改变轮廓线的颜色。

提示　图形对象在选取状态下，直接在调色板中需要的颜色上单击鼠标右键，可以快速填充轮廓线颜色。

4.1.4　设置轮廓线的粗细及样式

在"轮廓笔"对话框中，"宽度"选项可以设置轮廓线的宽度值和宽度的度量单位。在左侧的三角按钮上单击鼠标左键，弹出下拉列表，可以选择宽度数值，如图 4-37 所示，也可以在数值框中直接输入宽度数值。在右侧的三角按钮上单击鼠标左键，弹出下拉列表，可以选择宽度的度量单位，如图 4-38

所示。在"样式"选项右侧的三角按钮上单击鼠标左键，弹出下拉列表，可以选择轮廓线的样式，如图 4-39 所示。

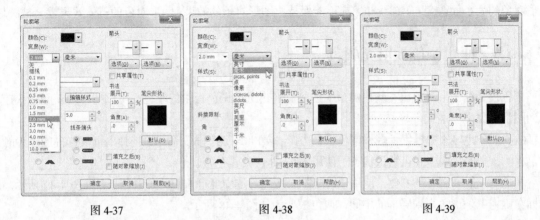

图 4-37　　　　　　　图 4-38　　　　　　　图 4-39

4.1.5　设置轮廓线角的样式及端头样式

在"轮廓笔"对话框中，"角"设置区可以设置轮廓线角的样式，如图 4-40 所示。"角"设置区提供了 3 种拐角的方式，它们分别是尖角、圆角和平角。

将轮廓线的宽度增加，因为较细的轮廓线在设置拐角后效果不明显。3 种拐角的效果如图 4-41 所示。

在"轮廓笔"对话框中，"线条端头"设置区可以设置线条端头的样式，如图 4-42 所示。3 种样式分别是削平两端点、两端点延伸成半圆形、削平两端点并延伸。分别选择 3 种端头样式，效果如图 4-43 所示。

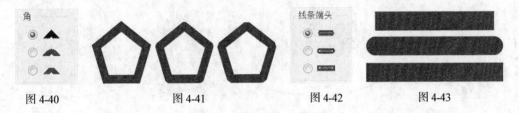

图 4-40　　　　　　图 4-41　　　　　　图 4-42　　　　　　图 4-43

在"轮廓笔"对话框中，"箭头"设置区可以设置线条两端的箭头样式，如图 4-44 所示。"箭头"设置区中提供了两个样式框，左侧的样式框 — 用来设置箭头样式，单击样式框上的三角按钮，弹出"箭头样式"列表，如图 4-45 所示。右侧的样式框— 用来设置箭尾样式，单击样式框上的三角按钮，弹出"箭尾样式"列表，如图 4-46 所示。

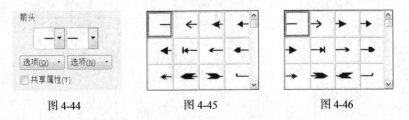

图 4-44　　　　　　图 4-45　　　　　　图 4-46

使用"填充之后"选项会将图形对象的轮廓置于图形对象的填充之后。图形对象的填充会遮挡图形对象的轮廓颜色，只能观察到轮廓的一段宽度的颜色。

使用"随对象缩放"选项缩放图形对象时，图形对象的轮廓线会根据图形对象的大小而改变，使图形对象的整体效果保持不变。如果不选择此选项，在缩放图形对象时，图形对象的轮廓线不会根据图形对象的大小而改变，轮廓线和填充不能保持原图形对象的效果，图形对象的整体效果就会被破坏。

4.1.6　使用调色板填充颜色

调色板是给图形对象填充颜色的最快途径。通过选取调色板中的颜色，可以把一种新颜色快速填充到图形对象中。

CorelDRAW X6 中提供了多种调色板，选择"窗口 > 调色板"命令，将弹出可供选择的多种颜色调色板。CorelDRAW X6 在默认状态下使用的是 CMYK 调色板。

调色板一般在屏幕的右侧。使用"选择"工具 ，选中屏幕右侧的条形色板，如图 4-47 所示。用鼠标左键拖曳条形色板到屏幕的中间，调色板变为如图 4-48 所示。

绘制一个要填充的图形对象。使用"选择"工具 ，选中要填充的图形对象，如图 4-49 所示。在调色板中选中的颜色上单击鼠标左键，如图 4-50 所示，图形对象的内部被选中的颜色填充，如图 4-51 所示。单击调色板中的"无填充"按钮 ，可取消对图形对象内部的颜色填充。

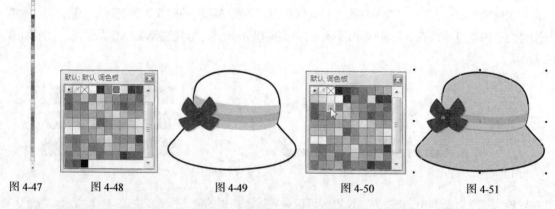

图 4-47　　　　图 4-48　　　　　　图 4-49　　　　　　　图 4-50　　　　　　　图 4-51

选取需要的图形，如图 4-52 所示。在调色板中选中的颜色上单击鼠标右键，如图 4-53 所示，图形对象的轮廓线被选中的颜色填充，填充适当的轮廓宽度，如图 4-54 所示。

图 4-52　　　　　　　图 4-53　　　　　　　图 4-54

技巧　选中调色板中的色块，按住鼠标左键不放拖曳色块到图形对象上，松开鼠标左键，也可填充对象。

4.1.7　均匀填充对话框

选择"填充"工具 展开式工具栏中的"均匀填充"工具 ，或按 Shift+F11 组合键，弹出"均匀填充"对话框，可以在对话框中设置需要的颜色。

对话框中 3 种设置颜色的方式分别为模型、混合器和调色板。具体设置如下。

1.　模型

模型设置框如图 4-55 所示，设置框中提供了完整的色谱。通过操作颜色关联控件可更改颜色，也可以通过在颜色模式的各参数值框中设置数值来设定需要的颜色。在设置框中还可以选择不同的颜色模式，模型设置框默认的是 CMYK 模式，如图 4-56 所示。

图 4-55

图 4-56

调配好需要的颜色后，单击"确定"按钮，可以将需要的颜色填充到图形对象中。

技巧　如果有经常需要使用的颜色，调配好需要的颜色后，单击对话框中的"添加到调色板"按钮，可以将颜色添加到调色板中。下一次需要使用时就不需要再次调配了，直接在调色板中调用即可。

2.　混和器

混和器设置框如图 4-57 所示，混和器设置框是通过组合其他颜色的方式来生成新颜色的，从"色度"选项的下拉列表中选择各种形状，转动色环可以设置需要的颜色。从"变化"选项的下拉列表中选择各种选项，可以调整颜色的明度。调整"大小"选项下的滑动块可以使选择的颜色更丰富。

可以通过在颜色模式的各参数值框中设置数值来设定需要的颜色。在设置框中还可以选择不同的颜色模式，混合器设置框默认的是 CMYK 模式，如图 4-58 所示。

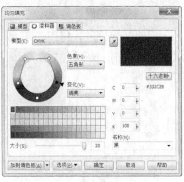

图 4-57

3.　调色板

调色板设置框如图 4-59 所示，调色板设置框是通过 CorelDRAW X6 中已有颜色库中的颜色来填充图形对象的，在"调色板"选项的下拉列表中可以选择需要的颜色库，如图 4-60 所示。

在色板中的颜色上单击鼠标左键就可以选中需要的颜色，调整"淡色"选项下的滑动块可以使选择的颜色变淡。调配好需要的颜色后，单击"确定"按钮，可以将需要的颜色填充到图形对象中。

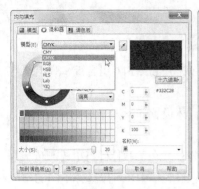
图 4-58

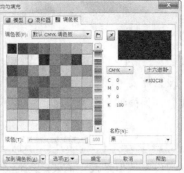
图 4-59

图 4-60

4.1.8 使用"颜色泊坞窗"填充

"颜色泊坞窗"是为图形对象填充颜色的辅助工具，特别适合在实际工作中应用。

选择"填充"工具 ，展开式工具栏下的"颜色"工具 ，弹出"颜色泊坞窗"窗口，如图 4-61 所示。

绘制一个箭头，如图 4-62 所示。在"颜色泊坞窗"中调配颜色，如图 4-63 所示。

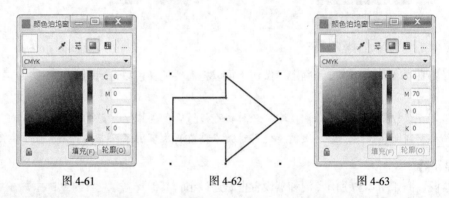

图 4-61   图 4-62   图 4-63

调配好颜色后，单击"填充"按钮，如图 4-64 所示，颜色填充到箭头的内部，效果如图 4-65 所示。也可在调配好颜色后，单击"轮廓"按钮，如图 4-66 所示，填充颜色到箭头的轮廓线上，效果如图 4-67 所示。

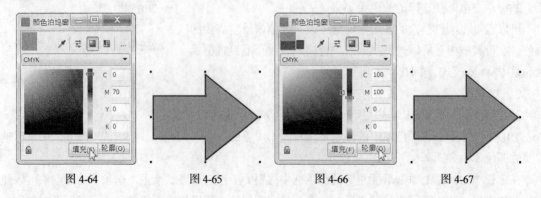

图 4-64   图 4-65   图 4-66   图 4-67

"颜色泊坞窗"右上角的 3 个按钮，分别是"显示颜色滑块""显示颜色查看器""显示调色板"。分别单击这 3 个按钮可以选择不同的调配颜色的方式，如图 4-68 所示。

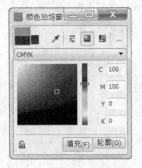

图 4-68

4.2 渐变填充和图样填充

渐变填充和图样填充都是非常实用的功能，在设计制作中经常被应用。在 CorelDRAW X6 中，渐变填充提供了线性、椭圆形、圆锥形和矩形 4 种渐变色彩的形式，可以绘制出多种渐变颜色效果。图样填充将预设图案以平铺的方法填充到图形中。下面将介绍使用渐变填充和图样填充的方法和技巧。

命令介绍

渐变填充：提供了线性、辐射、圆锥和正方形 4 种渐变色彩的形式，可以绘制出多种渐变颜色效果。

图样填充：将预设图案以平铺的方式填充到图形中。

4.2.1 课堂案例——绘制卡通电视

【案例学习目标】学习使用几何图形工具和填充工具绘制卡通电视。

【案例知识要点】使用贝塞尔工具、椭圆形工具、渐变填充工具和图样填充工具绘制卡通电视，使用贝塞尔工具和渐变填充工具绘制电视支架，效果如图 4-69 所示。

【效果所在位置】Ch04/效果/绘制卡通电视.cdr。

图 4-69

（1）按 Ctrl+N 组合键，新建一个页面。在属性栏的"页面度量"选项中分别设置宽度为 255mm、高度为 255mm，按 Enter 键，页面尺寸显示为设置的大小。

（2）选择"贝塞尔"工具 ，在页面中绘制一个不规则图形，如图 4-70 所示。按 F11 键，弹出"渐变填充"对话框，点选"双色"单选项，将"从"选项颜色的 CMYK 值设为 0、80、100、0，"到"选项颜色的 CMYK 值设为 0、90、100、0，其他选项的设置如图 4-71 所示，单击"确定"按钮，填充图形并去除图形的轮廓线，效果如图 4-72 所示。

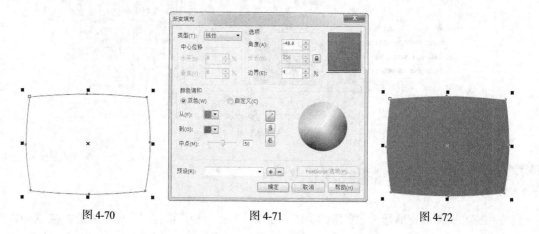

图 4-70　　　　　　　　　　图 4-71　　　　　　　　　　图 4-72

（3）选择"选择"工具 ，按数字键盘上的+键复制图形。按住 Shift 键的同时拖曳图形右上方的控制手柄，将其等比例缩小，如图 4-73 所示。选择"渐变填充"工具 ，弹出"渐变填充"对话框，点选"自定义"单选项，在"位置"选项中分别添加并输入 0、16、46、76、100 几个位置点，单击右下角的"其他"按钮，分别设置几个位置点颜色的 CMYK 值为 0（90、60、0、0）、16（68、24、0、0）、46（57、5、0、0）、76（62、13、0、0）、100（90、60、0、0），其他选项的设置如图 4-74 所示，单击"确定"按钮，填充图形并去除图形的轮廓线，效果如图 4-75 所示。

图 4-73　　　　　　　　　　图 4-74　　　　　　　　　　图 4-75

（4）选择"贝塞尔"工具 ，在页面中绘制一个不规则图形。按 F11 键，弹出"渐变填充"对话框，点选"双色"单选项，将"从"选项颜色的 CMYK 值设为 76、10、27、80，"到"选项颜色的 CMYK 值设为 60、0、0、0，其他选项的设置如图 4-76 所示，单击"确定"按钮，填充图形并去除图形的轮廓线，效果如图 4-77 所示。

（5）选择"选择"工具 ，按数字键盘上的+键复制图形。按住 Shift 键的同时拖曳图形右上方的控制手柄，将其等比例缩小，如图 4-78 所示。

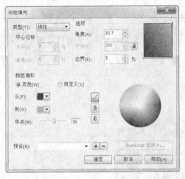
图 4-76

图 4-77

图 4-78

（6）选择"图样填充"工具 ，弹出"图样填充"对话框，选中"全色"单选项，单击右侧的按钮 ，在弹出的面板中选择需要的图标，如图 4-79 所示，其他选项的设置如图 4-80 所示，单击"确定"按钮，效果如图 4-81 所示。

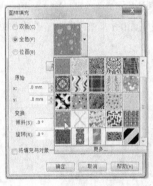
图 4-79

图 4-80

图 4-81

（7）按 Ctrl+I 组合键，弹出"导入"对话框，选择本书学习资源中的"Ch04 ＞ 素材 ＞ 绘制卡通电视 ＞ 01"文件，单击"导入"按钮，在页面中单击导入图片，将其拖曳到适当的位置，效果如图 4-82 所示。

（8）选择"椭圆形"工具 ，绘制一个椭圆形。按 F11 键，弹出"渐变填充"对话框，点选"双色"单选项，将"从"选项颜色的 CMYK 值设为 49、89、100、26，"到"选项颜色的 CMYK 值设为 0、80、100、0，其他选项的设置如图 4-83 所示，单击"确定"按钮，填充图形并去除图形的轮廓线，效果如图 4-84 所示。按 Shift+PageDown 组合键，后移图形，效果如图 4-85 所示。

图 4-82

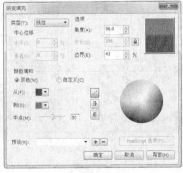
图 4-83

图 4-84

图 4-85

（9）按 Ctrl+I 组合键，弹出"导入"对话框，选择本书学习资源中的"Ch04 > 素材 > 绘制卡通电视 > 02"文件，单击"导入"按钮，在页面中单击导入图片，将其拖曳到适当的位置，效果如图 4-86 所示。按 Shift+PageDown 组合键，后移图形，效果如图 4-87 所示。

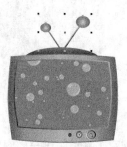

图 4-86　　　　　　　　　　图 4-87

（10）选择"贝塞尔"工具 ，在页面中绘制一个不规则图形。选择"渐变填充"工具 ，弹出"渐变填充"对话框，点选"双色"单选项，将"从"选项颜色的 CMYK 值设置为 49、89、100、26，"到"选项颜色的 CMYK 值设置为 0、80、100、0，其他选项的设置如图 4-88 所示。单击"确定"按钮，填充图形并去除图形的轮廓线，效果如图 4-89 所示。

图 4-88　　　　　　　　　　图 4-89

（11）选择"选择"工具 ，按数字键盘上的+键复制一个图形，按住 Shift 键的同时等比例缩放图形，并拖曳到适当的位置，效果如图 4-90 所示。

（12）选择"选择"工具 ，用圈选方式将需要的图形同时选取。按数字键盘上的+键复制图形。单击属性栏中的"水平镜像"按钮 ，水平翻转复制的图形并拖曳到适当的位置，效果如图 4-91 所示。用圈选的方法将图形和复制图形同时选取，按 Shift+PageDown 组合键，后移图形，效果如图 4-92 所示。

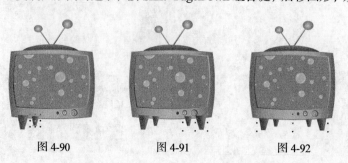

图 4-90　　　　　　图 4-91　　　　　　图 4-92

（13）选择"椭圆形"工具 ◯，在页面中绘制一个椭圆形，设置图形颜色的 CMYK 值为 0、0、0、63，填充图形并去除图形的轮廓线，效果如图 4-93 所示。选择"位图 > 转换为位图"命令，在弹出的"转换为位图"对话框中进行设置，如图 4-94 所示，单击"确定"按钮，图形被转换为位图。

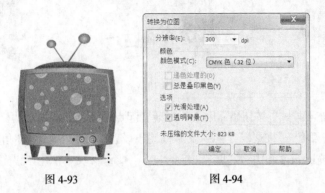

图 4-93　　　　　　　　　　　图 4-94

（14）选择"位图 > 模糊 > 高斯式模糊"命令，在弹出的对话框中进行设置，如图 4-95 所示，单击"确定"按钮，效果如图 4-96 所示。按 Shift+PageDown 组合键，后移图形，效果如图 4-97 所示。

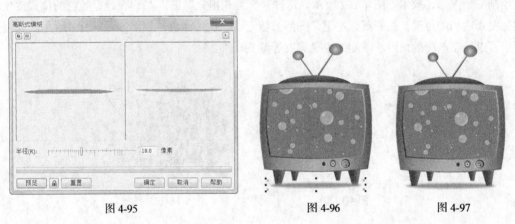

图 4-95　　　　　　　　　图 4-96　　　　　　图 4-97

4.2.2　使用属性栏进行填充

绘制一个图形，效果如图 4-98 所示。单击"交互式填充"工具 ◇，弹出其属性栏，如图 4-99 所示。选择"线性"填充选项，图形以预设的颜色填充，效果如图 4-100 所示。

图 4-98　　　　　　　　图 4-99　　　　　　　图 4-100

单击属性栏 线性 ▼ 右侧的黑色三角按钮，弹出其下拉选项，可以选择渐变的类型。辐射、圆锥、正方形的填充效果如图 4-101 所示。

图 4-101

属性栏中的"填充下拉式"按钮 ■▼ 用于选择渐变起点颜色，"最后一个填充挑选器"按钮 □▼ 用于选择渐变终点颜色，"填充中心点" ↓ 50 ↕ % 文本框用于设置渐变的中心点，"角度和边界" ↓ 0 ↕ % 文本框用于设置渐变填充的角度和边缘宽度，"渐变步长" ↓ 256 ↕ 文本框用于设置渐变的层次。

4.2.3 使用工具进行填充

绘制一个图形，效果如图 4-102 所示。选择"交互式填充"工具 ◇，在起点颜色的位置按住鼠标左键拖曳到适当的位置，松开鼠标左键，图形被填充了预设的颜色，效果如图 4-103 所示。在拖曳的过程中可以控制渐变的角度、渐变的边缘宽度等渐变属性。

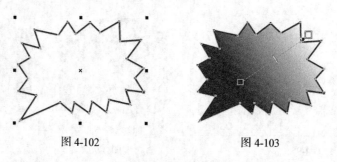

图 4-102   图 4-103

拖曳起点颜色和终点颜色可以改变渐变的角度和边缘宽度。拖曳中间点可以调整渐变颜色的分布。拖曳渐变虚线可以控制颜色渐变与图形之间的相对位置。

4.2.4 使用"渐变填充"对话框填充

选择"填充"工具 ◇ 展开工具栏中的"渐变填充"工具，弹出"渐变填充"对话框。在对话框中的"颜色调和"设置区中可选择渐变填充的两种类型："双色"或"自定义"渐变填充。

1．双色渐变填充

"双色"渐变填充的对话框如图 4-104 所示。在对话框中的"预设"选项中包含了 CorelDRAW X6 预设的一些渐变效果。如果调配好了一个渐变效果，可以单击"预设"选项右侧的 ➕ 按钮，将调配好的渐变效果添加到预设选项中；单击"预设"选项右侧的 ➖ 按钮，可以删除预设选项中的渐变效果。

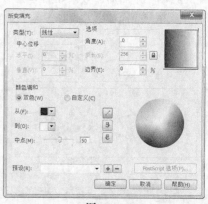

图 4-104

在"颜色调和"设置区的中部有 3 个按钮，可以用它们来确定颜色在"色轮"中所要遵循的路径。上方的☑按钮表示由沿直线变化的色相和饱和度来决定中间的填充颜色。中间的⑤按钮表示以"色轮"中沿逆时针路径变化的色相和饱和度决定中间的填充颜色。下面的⑥按钮表示以"色轮"中沿顺时针路径变化的色相和饱和度决定中间的填充颜色。

2．自定义渐变填充

单击选择"自定义"单选项，如图 4-105 所示。在"颜色调和"设置区中，出现了"预览色带"和"调色板"。"预览色带"上方的左右两侧各有一个小正方形，分别表示自定义渐变填充的起点和终点颜色。单击终点的小正方形将其选中，小正方形由白色变为黑色，如图 4-106 所示。再单击调色板中的颜色，可改变自定义渐变填充终点的颜色。

图 4-105

图 4-106

在"预览色带"上的起点和终点颜色之间双击，将在预览色带上产生一个黑色倒三角形，也就是新增了一个渐变颜色标记，如图 4-107 所示。"位置"选项中显示的百分数就是当前新增渐变颜色标记的位置。"当前"选项中显示的颜色就是当前新增渐变颜色标记的颜色。

在"调色板"中单击需要的渐变颜色，"预览色带"上新增渐变颜色标记上的颜色将改变为需要的新颜色。"当前"选项中将显示新选择的渐变颜色，如图 4-108 所示。

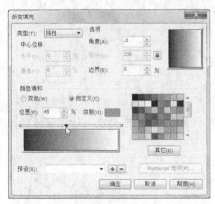
图 4-107

图 4-108

在"预览色带"上的新增渐变颜色标记上单击并拖曳鼠标，可以调整新增渐变颜色的位置，"位置"选项中的百分数的数值将随着改变。直接改变"位置"选项中的百分数的数值也可以调整新增渐变颜色的位置，如图 4-109 所示。

使用相同的方法可以在"预览色带"上新增多个渐变颜色，制作出更符合设计需要的渐变效果，如图 4-110 所示。

图 4-109

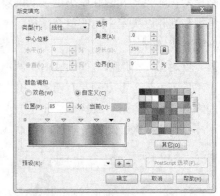
图 4-110

4.2.5　渐变填充的样式

绘制一个图形，如图 4-111 所示。"渐变填充"对话框中的"预设"选项中包含了 CorelDRAW X6 预设的一些渐变效果，如图 4-112 所示。

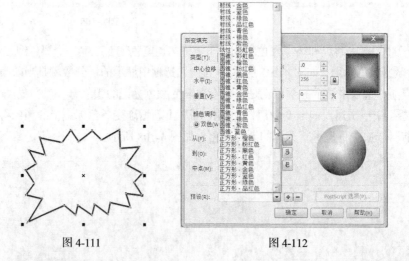

图 4-111　　　　　　　　　　　图 4-112

选择好一个预设的渐变效果，单击"确定"按钮，可以完成渐变填充。使用预设的渐变效果填充的各种渐变效果如图 4-113 所示。

图 4-113

4.2.6 图样填充

向量图样填充由矢量和线描式图像来生成。

选择"填充"工具，展开工具栏中的"图样填充"工具，弹出"图样填充"对话框。"图样填充"对话框中有"双色""全色"和"位图"3 种图样填充方式，如图 4-114 所示。

双色：用两种颜色构成的图案来填充，也就是通过设置前景色和背景色的颜色来填充。

全色：图案是由矢量和线描样式图像来生成的。

位图：使用位图图片进行填充。

"浏览"按钮：可载入已有图片。

"创建"按钮：弹出"双色图案编辑器"对话框，单击鼠标左键可绘制图案。

"大小"选项组：用来设置平铺图案的尺寸大小。

"变换"选项组：用来使图案产生倾斜及旋转变化。

"行或列位移"选项组：用来使填充图案的行或列产生位移。

双色

全色

位图

图 4-114

4.3 其他填充

除均匀填充、渐变填充和图样填充外，常用的填充还包括底纹填充、网状填充等，这些填充可以使图形更加自然、多变。下面具体介绍这些填充方法和技巧。

命令介绍

PostScript 填充：是利用 PostScript 语言设计出来的一种特殊的图案填充。

网状填充：可以制作出变化丰富的网状填充效果，还可以将每个网点填充上不同的颜色并定义颜色填充的扭曲方向。

4.3.1 课堂案例——绘制卡通插画

【案例学习目标】学习使用底纹填充工具绘制卡通插画。

【案例知识要点】使用底纹填充工具制作背景图，使用网状填充工具绘制蘑菇图形，使用文本工具添加文字，效果如图 4-115 所示。

【效果所在位置】Ch04/效果/绘制卡通插画.cdr。

图 4-115

（1）按 Ctrl+N 组合键，新建一个 A4 页面。选择"矩形"工具 □，绘制一个矩形图形，如图 4-116 所示。选择"PostScript"工具 █，弹出"PostScript 底纹"对话框，选项的设置如图 4-117 所示，单击"确定"按钮，效果如图 4-118 所示。

图 4-116   图 4-117   图 4-118

（2）按 F12 键，弹出"轮廓笔"对话框，在"颜色"选项中设置轮廓线颜色的 CMYK 值为 0、0、0、20，其他选项的设置如图 4-119 所示，单击"确定"按钮，效果如图 4-120 所示。

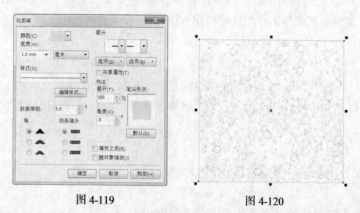

图 4-119   图 4-120

（3）选择"贝塞尔"工具 █，绘制一个不规则图形，如图 4-121 所示。选择"网状填充"工具 █，用圈选的方法选取需要的节点，如图 4-122 所示。选择"窗口 > 泊坞窗 > 彩色"命令，弹出"颜色泊坞窗"对话框，设置需要的颜色，如图 4-123 所示，单击"填充"按钮，效果如图 4-124 所示。

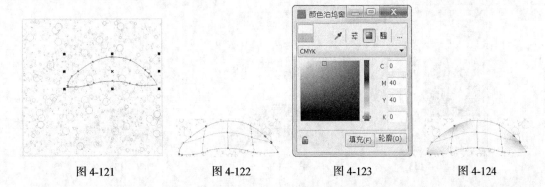

图 4-121　　　　　　　图 4-122　　　　　　　图 4-123　　　　　　　图 4-124

（4）选择"网状填充"工具，用圈选的方法选取需要的节点，在"颜色泊坞窗"对话框中设置需要的颜色，如图 4-125 所示，单击"填充"按钮，效果如图 4-126 所示。

（5）选择"网状填充"工具，按住 Shift 键的同时用圈选的方法选取需要的节点，在"颜色泊坞窗"对话框中设置需要的颜色，如图 4-127 所示，单击"填充"按钮，效果如图 4-128 所示。

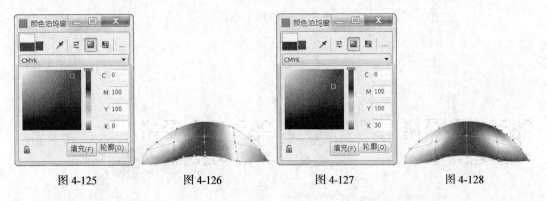

图 4-125　　　　　　　图 4-126　　　　　　　图 4-127　　　　　　　图 4-128

（6）选择"网状填充"工具，按住 Shift 键的同时用圈选的方法选取需要的节点，在"颜色泊坞窗"对话框中设置需要的颜色，如图 4-129 所示，单击"填充"按钮，效果如图 4-130 所示。

（7）选择"网状填充"工具，选取需要的节点，在"颜色泊坞窗"对话框中设置需要的颜色，如图 4-131 所示，单击"填充"按钮，效果如图 4-132 所示。

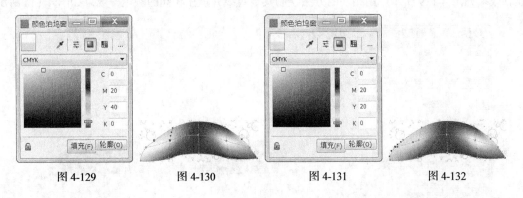

图 4-129　　　　　　　图 4-130　　　　　　　图 4-131　　　　　　　图 4-132

（8）选择"网状填充"工具，选取需要的节点，在"颜色泊坞窗"对话框中设置需要的颜色，如图 4-133 所示，单击"填充"按钮，效果如图 4-134 所示。选择"选择"工具 ，选取渐变网格图形并去除图形的轮廓线，效果如图 4-135 所示。

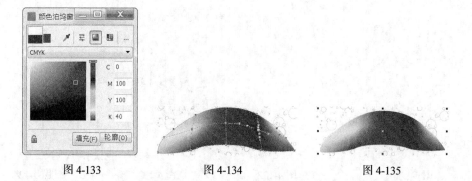

图 4-133　　　　　　　　图 4-134　　　　　　　　图 4-135

（9）选择"贝塞尔"工具 ，绘制一个不规则图形。按 F11 键，弹出"渐变填充"对话框，点选"双色"单选项，将"从"选项颜色的 CMYK 值设为 0、0、0、30，"到"选项颜色的 CMYK 值设为 0、0、0、10，其他选项的设置如图 4-136 所示，单击"确定"按钮，填充图形并去除图形的轮廓线，效果如图 4-137 所示。

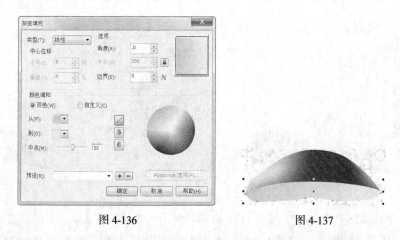

图 4-136　　　　　　　　　　　　图 4-137

（10）选择"贝塞尔"工具 ，绘制一条直线。按 F12 键，弹出"轮廓笔"对话框，在"颜色"选项中设置轮廓线颜色的 CMYK 值为 0、0、0、10，其他选项的设置如图 4-138 所示，单击"确定"按钮，效果如图 4-139 所示。用相同的方法绘制其他直线并填充相同的颜色，效果如图 4-140 所示。

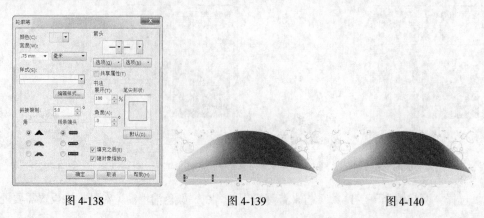

图 4-138　　　　　　　　图 4-139　　　　　　　　图 4-140

（11）选择"选择"工具，用圈选的方法选取需要的图形，如图 4-141 所示。按 Ctrl+PageDown 组合键将图形后移一层，效果如图 4-142 所示。

图 4-141　　　　　　　　　　　图 4-142

（12）选择"椭圆形"工具，按住 Ctrl 键的同时绘制一个圆形，填充为白色并去除图形的轮廓线，效果如图 4-143 所示。用相同的方法绘制其他圆形并填充相同的颜色，效果如图 4-144 所示。

图 4-143　　　　　　　　　　　图 4-144

（13）选择"贝塞尔"工具，绘制一个不规则图形，如图 4-145 所示。按 F11 键，弹出"渐变填充"对话框，点选"双色"单选项，将"从"选项颜色的 CMYK 值设为 44、100、100、20，"到"选项颜色的 CMYK 值设为 60、96、100、54，其他选项的设置如图 4-146 所示，单击"确定"按钮，填充图形并去除图形的轮廓线，效果如图 4-147 所示。

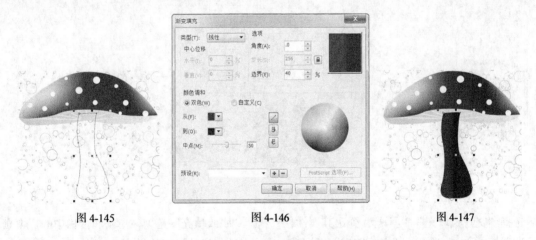

图 4-145　　　　　　　图 4-146　　　　　　　图 4-147

（14）选择"选择"工具，用圈选的方法将蘑菇图形同时选取。按 Ctrl+G 组合键将其群组。连续按两次数字键盘上的+键复制图形，分别调整其位置和大小，效果如图 4-148 所示。

（15）按 Ctrl+I 组合键，弹出"导入"对话框，选择本书学习资源中的"Ch04 > 素材 > 绘制卡通插画 > 01"文件，单击"导入"按钮，在页面中单击导入图片，将其拖曳到适当的位置，效果如图 4-149 所示。

（16）选择"文本"工具，输入需要的文字。选择"选择"工具，在属性栏中选择合适的字体并设置文字大小，效果如图 4-150 所示。卡通插画绘制完成。

图 4-148

图 4-149

图 4-150

4.3.2　底纹填充

选择"填充"工具 ，展开工具栏中的"底纹填充"工具 ，弹出"底纹填充"对话框。在对话框中，CorelDRAW X6 的底纹库提供了多个样本组和几百种预设的底纹填充图案，如图 4-151 所示。

在对话框中的"底纹库"选项的下拉列表中可以选择不同的样本组。CorelDRAW X6 底纹库提供了 7 个样本组，选择样本组后，在下面的"底纹列表"中，显示出样本组中的多个底纹的名称。单击选中一个底纹样式，下面的"预览"框中显示出底纹的效果。

绘制一个图形，在"底纹列表"中选择需要的底纹效果后，单击"确定"按钮，可以将底纹填充到图形对象中。几个填充不同底纹的图形效果如图 4-152 所示。

图 4-151

图 4-152

选择"交互式填充"工具 ，弹出其属性栏，选择"底纹填充"选项，单击属性栏中的"填充下拉式"图标 ，在弹出的"底纹填充"下拉列表中可以选择底纹填充的样式。

提示　底纹填充会增加文件的大小，并使操作的时间增长，在对大型的图形对象使用底纹填充时要慎重。

4.3.3　网状填充

使用"网状填充"工具可以制作出变化丰富的网状填充效果，还可以将每个网点填充上不同的颜色并且定义颜色填充的扭曲方向。

绘制一个要进行网状填充的图形，如图 4-153 所示。选择"交互式填充"工具 ，展开工具栏中的"网状填充"工具 ，在属性栏中将横竖网格的数值均设置为 3，按 Enter 键，图形的网状填充效果如图 4-154 所示。

单击选中网格中需要填充的节点，如图 4-155 所示。在调色板中需要的颜色上单击鼠标左键，可以为选中的节点填充颜色，效果如图 4-156 所示。

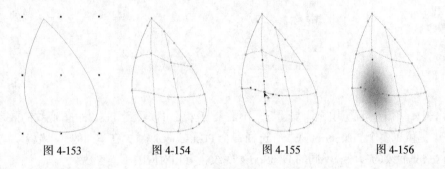

图 4-153   图 4-154   图 4-155   图 4-156

再依次选中需要的节点并进行颜色填充，如图 4-157 所示。选中节点后，拖曳节点的控制点可以扭曲颜色填充的方向，如图 4-158 所示。交互式网格填充效果如图 4-159 所示。

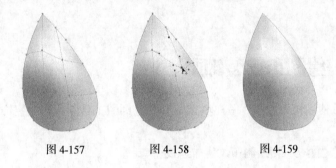

图 4-157   图 4-158   图 4-159

4.3.4　PostScript 填充

PostScript 填充是利用 PostScript 语言设计出来的一种特殊的图案填充。PostScript 图案是一种特殊的图案。只有在"增强"视图模式下，PostScript 填充的底纹才能显示出来。下面介绍 PostScript 填充的方法和技巧。

选择"填充"工具 ，展开工具栏中的"PostScript 填充"工具 ，弹出"PostScript 底纹"对话框，在对话框中，CorelDRAW X6 提供了多个 PostScript 底纹图案，如图 4-160 所示。

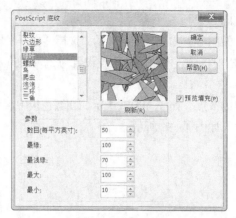

图 4-160

在对话框中，单击"预览填充"复选框，不需要打印就可以看到 PostScript 底纹的效果。在左上方的列表框中提供了多个 PostScript 底纹，选择一个 PostScript 底纹，在下面的"参数"设置区中会出现所选 PostScript 底纹的参数。不同的 PostScript 底纹会有相对应的不同参数。

> **提示**   CorelDRAW X6 在屏幕上显示 PostScript 填充时用字母"PS"表示。PostScript 填充使用的限制非常多，由于 PostScript 填充图案非常复杂，所以在打印和更新屏幕显示时会使处理时间增长。PostScript 填充非常占用系统资源，使用时一定要慎重。

课堂练习——绘制布纹装饰画

【练习知识要点】使用矩形工具、图样填充工具和轮廓图工具制作布纹装饰画，效果如图 4-161 所示。

【效果所在位置】Ch04/效果/绘制布纹装饰画.cdr。

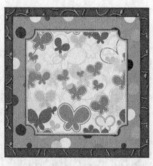

图 4-161

课后习题——绘制风景插画

【习题知识要点】使用矩形工具、贝塞尔工具和渐变填充工具绘制背景效果，使用贝塞尔工具、椭圆形工具和底纹填充工具绘制装饰图形，使用椭圆形工具、贝塞尔工具和合并命令绘制树木图形，效果如图 4-162 所示。

【效果所在位置】Ch04/效果/绘制风景插画.cdr。

图 4-162

第5章 排列和组合对象

本章介绍

CorelDRAW X6 提供了多个命令和工具来排列和组合图形对象。本章将主要介绍排列和组合对象的功能以及相关的技巧。通过学习本章的内容，读者可以自如地排列和组合绘图中的图形对象，轻松完成制作任务。

学习目标

- 掌握对齐和分布命令的使用方法。
- 掌握群组和结合的使用方法。

技能目标

- 掌握"房地产宣传单"的制作方法。
- 掌握"灭火器图标"的绘制方法。

5.1 对齐和分布

CorelDRAW X6 中提供了对齐和分布功能来设置对象的对齐和分布方式。下面介绍对齐和分布的使用方法和技巧。

命令介绍

对齐：控制多个对象之间的对齐，图形对象可以以页面或目标对象为基准进行对齐。

分布：控制多个图形对象之间的距离，图形对象可以分布在绘图页面或选定的区域范围内。

标注工具：给绘图对象绘制标注线。

5.1.1 课堂案例——制作房地产宣传单

【案例学习目标】学习使用导入命令、对齐和分布命令、度量工具制作室内平面图。

【案例知识要点】使用导入命令导入素材文件，使用对齐和分布命令对齐图形，使用平行度量工具对墙体进行标注，效果如图 5-1 所示。

【效果所在位置】Ch05/效果/制作房地产宣传单.cdr。

图 5-1

1. 添加家具

（1）按 Ctrl+N 组合键，新建一个页面。在属性栏的"页面度量"选项中分别设置宽度为 210mm、高度为 285mm，按 Enter 键，页面尺寸显示为设置的大小。按 Ctrl+I 组合键，弹出"导入"对话框，选择本书学习资源中的"Ch05 > 素材 > 制作房地产宣传单 > 01"文件，单击"导入"按钮。在页面中单击导入的图片，按 P 键，图片在页面居中对齐，效果如图 5-2 所示。

扫码观看
本案例视频

（2）按 Ctrl+I 组合键，弹出"导入"对话框。选择本书学习资源中的"Ch05 > 素材 > 制作房地产宣传单 > 02"文件，单击"导入"按钮。在页面中单击导入图片，将其拖曳到适当的位置，效果如图 5-3 所示。按 Ctrl+U 组合键取消群组，如图 5-4 所示。

图 5-2

图 5-3

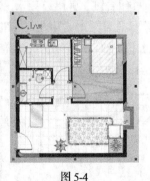
图 5-4

（3）按 Ctrl+I 组合键，弹出"导入"对话框。选择本书学习资源中的"Ch05 > 素材 > 制作房地产宣传单 > 03"文件，单击"导入"按钮。在页面中单击导入图片，将其拖曳到适当的位置，效果如

图 5-5 所示。按 Ctrl+U 组合键取消群组。选择"选择"工具 ，选取需要的图形，如图 5-6 所示。按住 Shift 键的同时选取另一个图形，单击属性栏中的"对齐与分布"按钮 ，弹出"对齐与分布"面板，单击"顶端对齐"按钮 ，如图 5-7 所示，效果如图 5-8 所示。

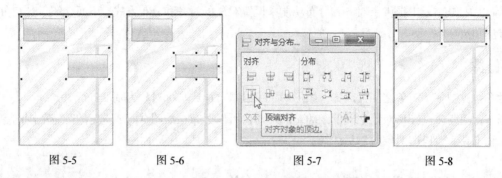

图 5-5　　　　　　图 5-6　　　　　　　　　图 5-7　　　　　　　　图 5-8

（4）按 Ctrl+I 组合键，弹出"导入"对话框。选择本书学习资源中的"Ch05 > 素材 > 制作房地产宣传单 > 04"文件，单击"导入"按钮。在页面中单击导入的图片，将其拖曳到适当的位置，效果如图 5-9 所示。选择"选择"工具 ，按住 Shift 键的同时选取下方的矩形，如图 5-10 所示。单击属性栏中的"对齐与分布"按钮 ，弹出"对齐与分布"面板，分别单击"水平居中对齐"按钮 和"垂直居中对齐"按钮 ，如图 5-11 所示，效果如图 5-12 所示。

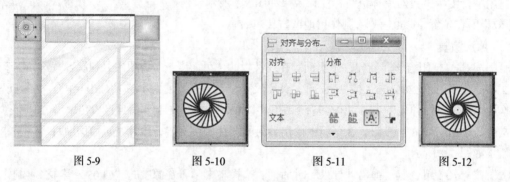

图 5-9　　　　　　图 5-10　　　　　　　图 5-11　　　　　　图 5-12

（5）选择"选择"工具 ，选取置入的图形，按数字键盘上的+键复制出一个图形，将其拖曳到适当的位置，并与下方的矩形居中对齐，效果如图 5-13 所示。

（6）按 Ctrl+I 组合键，弹出"导入"对话框。选择本书学习资源中的"Ch05 > 素材 > 制作房地产宣传单 > 05"文件，单击"导入"按钮。在页面中单击导入的图片，将其拖曳到适当的位置，效果如图 5-14 所示。按 Ctrl+U 组合键取消群组。选择"排列 > 对齐和分布 > 右对齐"命令，图形的右对齐效果如图 5-15 所示。

图 5-13　　　　　　　　图 5-14　　　　　　　　图 5-15

（7）按 Ctrl+I 组合键，弹出"导入"对话框。选择本书学习资源中的"Ch05 > 素材 > 制作房地产宣传单 >06"文件，单击"导入"按钮。在页面中单击导入的图片，将其拖曳到适当的位置，效果如图 5-16 所示。按 Ctrl+U 组合键取消群组。选择"选择"工具 ，由下向上圈选两个置入的图形，如图 5-17 所示。选择"排列 > 对齐和分布 > 右对齐"命令，图形的右对齐效果如图 5-18 所示。

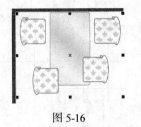
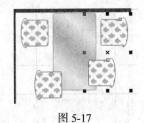
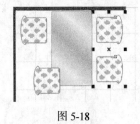

图 5-16 图 5-17 图 5-18

（8）选择"选择"工具 ，由下向上圈选两个置入的图形，如图 5-19 所示。选择"排列 > 对齐和分布 > 左对齐"命令，图形的左对齐效果如图 5-20 所示。

（9）选择"选择"工具 ，由下向上圈选两个置入的图形，如图 5-21 所示。选择"排列 > 对齐和分布 > 顶端对齐"命令，图形的顶对齐效果如图 5-22 所示。

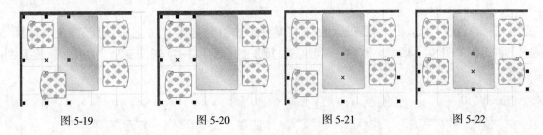

图 5-19 图 5-20 图 5-21 图 5-22

（10）按 Ctrl+I 组合键，弹出"导入"对话框。选择本书学习资源中的"Ch05 > 素材 > 制作房地产宣传单 >07"文件，单击"导入"按钮。在页面中单击导入的图片，将其拖曳到适当的位置，效果如图 5-23 所示。按 Ctrl+U 组合键取消群组。选择"排列 > 对齐和分布 > 底端对齐"命令，图形的底端对齐效果如图 5-24 所示。

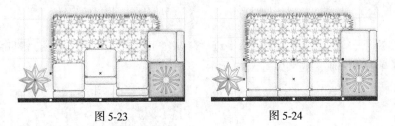

图 5-23 图 5-24

2．标注平面图

（1）选择"平行度量"工具 ，将鼠标指针移动到平面图左侧墙体的底部并单击鼠标左键，如图 5-25 所示，向右拖曳光标，如图 5-26 所示，将光标移动到平面图右侧墙体的底部后再次单击鼠标左键，如图 5-27 所示，再将鼠标指针移动到线段中间，如图 5-28 所示，再次单击完成标注，效果如图 5-29 所示。选择"选择"工具 ，选取需要的文字，在属性栏中调整其字体大小，效果如图 5-30 所示。

扫码观看
本案例视频

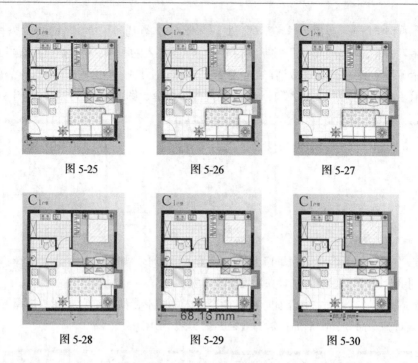

图 5-25　　　　　　　图 5-26　　　　　　　图 5-27

图 5-28　　　　　　　图 5-29　　　　　　　图 5-30

（2）选择"选择"工具 ，用圈选的方法将需要的图形同时选取，如图 5-31 所示。按 Ctrl+G 组合键将其群组，如图 5-32 所示。按数字键盘上的+键复制图形，并将其拖曳到适当的位置，效果如图 5-33 所示。

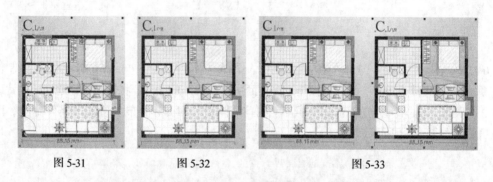

图 5-31　　　　　　图 5-32　　　　　　　　图 5-33

（3）择"文本"工具 ，选取需要的文字进行修改，如图 5-34 所示。按 Esc 键取消图形的选取状态，房地产宣传单制作完成，效果如图 5-35 所示。

图 5-34　　　　　　　图 5-35

5.1.2　多个对象的对齐

使用"选择"工具，选中多个要对齐的对象，选择"排列 > 对齐和分布 > 对齐与分布"命令，或按 Ctrl+Shift+A 键，或单击属性栏中的"对齐与分布"按钮，弹出如图 5-36 所示的"对齐与分布"泊坞窗。

在"对齐与分布"泊坞窗中的"对齐"选项组中，可以选择两组对齐方式，如左对齐、水平居中对齐、右对齐或者顶端对齐、垂直居中对齐、底端对齐。两组对齐方式可以单独使用，也可以配合使用，如对齐右底端、左顶端等设置就需要配合使用。

"对齐对象到"选项组中的按钮只有在单击了"对齐"或"分布"选项组中的按钮时，才可以使用。其中的"页面边缘"按钮或"页面中心"按钮，用于设置图形对象以页面的什么位置为基准对齐。

选择"选择"工具，按住 Shift 键，单击几个要对齐的图形对象将它们全选，如图 5-37 所示，注意要最后选中图形目标对象，因为其他图形对象将以图形目标对象为基准对齐，本例中以右下角的盒子图形为图形目标对象，所以最后一个选中它。

图 5-36　　　　　　　　　　　　　　　　图 5-37

选择"排列 > 对齐和分布 > 对齐与分布"命令，弹出"对齐与分布"泊坞窗，在泊坞窗中单击"右对齐"按钮，如图 5-38 所示，几个图形对象以最后选取的盒子图形的右边缘为基准进行对齐，效果如图 5-39 所示。

图 5-38　　　　　　　　　　　　　　　　图 5-39

在"对齐与分布"泊坞窗中，单击"垂直居中对齐"按钮，再单击"对齐对象到"选项组中的"页面中心"按钮，如图 5-40 所示，几个图形对象以页面中心为基准进行垂直居中对齐，效果如图 5-41 所示。

图 5-40   图 5-41

5.1.3　多个对象的分布

　　使用"选择"工具 ，选择多个要分布的图形对象，如图 5-42 所示。再选择"排列 > 对齐和分布 > 对齐与分布"命令，弹出"对齐与分布"泊坞窗，在"分布"选项组中显示分布排列的按钮，如图 5-43 所示。

图 5-42   图 5-43

　　在"分布"对话框中有两种分布形式，分别是沿垂直方向分布和沿水平方向分布。可以选择不同的基准点来分布对象。

　　在"将对象分布到"选项组中，分别单击"选定的范围"按钮 和"页面范围"按钮 ，如图 5-44 所示进行设定，几个图形对象的分布效果如图 5-45 所示。

图 5-44   图 5-45

5.1.4　网格和辅助线的设置和使用

1．设置网格

选择"视图 > 网格 > 文档网格"命令，在页面中生成网格，效果如图 5-46 所示。如果想消除网格，只要再次选择"视图 > 网格 > 文档网格"命令即可。

在绘图页面中单击鼠标右键，弹出其快捷菜单，在菜单中选择"视图 > 文档网格"命令，如图 5-47 所示，也可以在页面中生成网格。

在绘图页面的标尺上单击鼠标右键，弹出快捷菜单，在菜单中选择"栅格设置"命令，如图 5-48 所示，弹出"选项"对话框，如图 5-49 所示。在"文档网格"选项组中可以设置网格的密度和网格点的间距。"基线网格"选项组中可以设置从顶部开始的距离和基线间的间距。若要查看像素网格设置的效果，必须切换到"像素"视图。

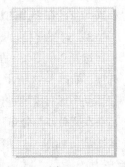

图 5-46

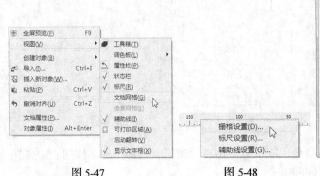

图 5-47　　　　　　　　图 5-48

图 5-49

2．设置辅助线

将鼠标的光标移动到水平或垂直标尺上，按住鼠标左键不放并向下或向右拖曳光标，可以绘制一条辅助线，在适当的位置松开鼠标左键，辅助线效果如图 5-50 所示。

要想移动辅助线必须先选中辅助线，将鼠标的光标放在辅助线上并单击鼠标左键，辅助线被选中并呈红色，用光标拖曳辅助线到适当的位置即可，如图 5-51 所示。在拖曳的过程中单击鼠标右键可以在当前位置复制出一条辅助线。选中辅助线后，按 Delete 键，可以将辅助线删除。

辅助线被选中变成红色后，再次单击辅助线，将出现辅助线的旋转模式，如图 5-52 所示。可以通过拖曳两端的旋转控制点来旋转辅助线。

图 5-50

图 5-51　　　　　　　　图 5-52

提示 选择"视图 > 设置 > 辅助线设置"命令，或使用鼠标右键单击标尺，弹出其快捷菜单，在其中选择"辅助线设置"命令，弹出"选项"对话框，也可设置辅助线。

在辅助线上单击鼠标右键，在弹出的快捷菜单中选择"锁定对象"命令，可以将辅助线锁定，用相同的方法在弹出的快捷菜单中选择"解除锁定对象"命令，可以将辅助线解锁。

3. 对齐网格、辅助线和对象

选择"视图 > 贴齐 > 贴齐网格"命令，或单击"贴齐"按钮，在弹出的菜单中选择"贴齐网格"选项，如图 5-53 所示，或按 Ctrl+Y 组合键。再选择"视图 > 网格"命令，在绘图页面中设置好网格，在移动图形对象的过程中，图形对象会自动对齐到网格、辅助线或其他图形对象上，如图 5-54 所示。

在"对齐与分布"泊坞窗中选取需要的对齐或分布方式，选择"对齐对象到"选项组中的"网格"按钮 ，如图 5-55 所示。在移动图形对象时，图形对象会对齐到最近的网格点。

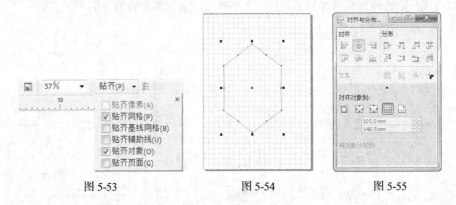

图 5-53   图 5-54   图 5-55

选择"视图 > 贴齐 > 贴齐辅助线"命令，或单击"贴齐"按钮，在弹出的下拉列表中选择"贴齐辅助线"选项，可使图形对象自动对齐辅助线。

选择"视图 > 贴齐 > 贴齐对象"命令，或单击"贴齐"按钮，在弹出的下拉列表中选择"贴齐对象"选项，或按 Alt+Z 组合键，使两个对象的中心对齐重合。

技巧 在曲线图形对象之间，用"选择"工具 或"形状"工具 选择并移动图形对象上的节点时，"对齐对象"选项的功能可以方便准确地进行节点间的捕捉对齐。

5.1.5 标尺的设置和使用

标尺可以帮助用户了解图形对象的当前位置，以便设计作品时确定作品的精确尺寸。下面介绍标尺的设置和使用方法。

选择"视图 > 标尺"命令，可以显示或隐藏标尺。显示标尺的效果如图 5-56 所示。

将鼠标的光标放在标尺左上角的 图标上，按住鼠标左键不放并拖曳光标，出现十字虚线的标尺定位线，如图 5-57 所示。在需要的位置松开鼠标左键，可以设定新的标尺坐标原点。双击 图标，可以将标尺还原到原始的位置。

按住 Shift 键，将鼠标的光标放在标尺左上角的 图标上，按住鼠标左键不放并拖曳光标，可以将标尺移动到新位置，如图 5-58 所示。使用相同的方法拖曳标尺放回左上角可以还原标尺的位置。

图 5-56

图 5-57

图 5-58

5.1.6　标注线的绘制

选择"平行度量"工具 ，弹出其属性栏，如图 5-59 所示。在工具栏中共有 5 种标注工具，它们从上到下依次是"平行度量"工具、"水平或垂直度量"工具、"角度量"工具、"线段度量"工具、"3 点标注"工具。

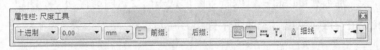
图 5-59

打开一个图形对象，如图 5-60 所示。选择"平行度量"工具 ，将鼠标的光标移动到图形对象的右侧顶部单击并向下拖曳光标，将光标移动到图形对象的底部后再次单击鼠标左键，再将鼠标光标拖曳到线段的中间，如图 5-61 所示。再次单击完成标注，效果如图 5-62 所示。使用相同的方法，可以用其他标注工具为图形对象进行标注，标注完成后的图形效果如图 5-63 所示。

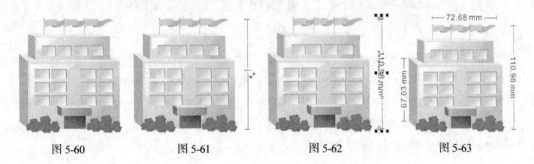
图 5-60　　　　　图 5-61　　　　　图 5-62　　　　　图 5-63

5.1.7　对象的排序

在 CorelDRAW X6 中，绘制的图形对象都存在着重叠的关系，如果在绘图页面中的同一位置先后绘制两个不同的背景图形对象，后绘制的图形对象将位于先绘制图形对象的上方。使用 CorelDRAW X6 的排序功能可以安排多个图形对象的前后排序，也可以使用图层来管理图形对象。

在绘图页面中先后绘制几个不同的图形对象，如图 5-64 所示。使用"选择"工具 ，选择要进行排序的图形对象，效果如图 5-65 所示。

选择"排列 > 顺序"子菜单下的各个命令，可将已选择的图形对象排序，如图 5-66 所示。

图 5-64

图 5-65

图 5-66

选择"到图层前面"命令，可以将背景图形从当前层移动到绘图页面中其他图形对象的最前面，效果如图 5-67 所示。按 Shift+PageUp 组合键，也可以完成这个操作。

选择"到图层后面"命令，可以将背景图形从当前层移动到绘图页面中其他图形对象的最后面，效果如图 5-68 所示。按 Shift+PageDown 组合键，也可以完成这个操作。

选择"向前一层"命令，可以将选定的背景图形从当前位置向前移动一个图层，效果如图 5-69 所示。按 Ctrl+PageUp 组合键，也可以完成这个操作。

图 5-67

图 5-68

图 5-69

当图形位于图层最前面的位置时，选择"向后一层"命令，可以将选定的图形从当前位置向后移动一个图层，效果如图 5-70 所示。按 Ctrl+PageDown 组合键，也可以完成这个操作。

选择"置于此对象前"命令，可以将选择的图形放置到指定图形对象的前面。选择"置于此对象前"命令后，鼠标的光标变为黑色箭头，使用黑色箭头单击指定的图形对象，如图 5-71 所示。图形被放置到指定的图形对象的前面，效果如图 5-72 所示。

图 5-70

图 5-71

图 5-72

选择"置于此对象后"命令，可以将选择的图形放置到指定图形对象的后面。选择"置于此对象后"命令后，鼠标的光标变为黑色箭头，使用黑色箭头单击指定的图形对象，如图 5-73 所示。图形被放置到指定的图形对象的后面，效果如图 5-74 所示。

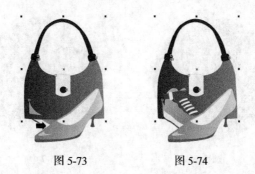

图 5-73　　　　　　图 5-74

5.2　群组和结合

CorelDRAW X6 中提供了群组和结合功能，群组可以将多个不同的图形对象组合在一起，方便整体操作。结合可以将多个图形对象合并在一起，创建出一个新的对象。下面介绍群组和结合的方法和技巧。

命令介绍

群组：可以将多个不同的图形对象组合在一起。

5.2.1　课堂案例——绘制灭火器图标

【案例学习目标】学习使用几何图形工具、群组命令和整形对象绘制图标。

【案例知识要点】使用椭圆形工具绘制背景效，使用矩形工具、椭圆形工具和移除前面对象命令绘制图标，使用文本工具添加文字，效果如图 5-75 所示。

【效果所在位置】Ch05/效果/绘制灭火器图标.cdr。

图 5-75

（1）按 Ctrl+N 组合键，新建一个 A4 页面。选择"椭圆形"工具 ◯，按住 Ctrl 键的同时绘制一个圆形。设置图形颜色的 CMYK 值为 0、100、100、10，填充图形并去除图形的轮廓线，效果如图 5-76 所示。

（2）选择"选择"工具 ，在数字键盘上按+键复制图形，按住 Shift 键的同时向内拖曳鼠标，将复制图形等比例缩放，如图 5-77 所示。在"CMYK 调色板"中的"无填充"按钮⊠上单击鼠标，去除图形的填充颜色。

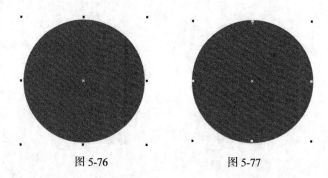

图 5-76　　　　　　　　　　图 5-77

（3）按 F12 键，弹出"轮廓笔"对话框，在"颜色"选项中设置轮廓线颜色的 CMYK 值为 0、0、100、0，其他选项的设置如图 5-78 所示，单击"确定"按钮，效果如图 5-79 所示。

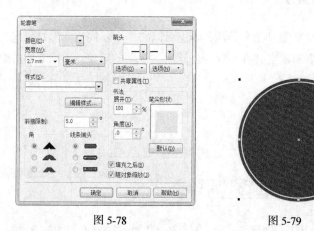

图 5-78　　　　　　　　　　图 5-79

（4）选择"矩形"工具 ，在适当的位置绘制一个矩形，在属性栏中进行设置，如图 5-80 所示，按 Enter 键，效果如图 5-81 所示。设置图形颜色的 CMYK 值为 0、0、100、0，填充图形并去除图形的轮廓线，效果如图 5-82 所示。

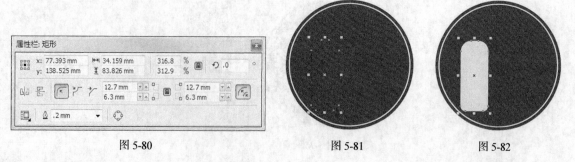

图 5-80　　　　　　图 5-81　　　　　图 5-82

（5）选择"矩形"工具 ，在适当的位置绘制一个矩形，在属性栏中进行设置，如图 5-83 所示，按 Enter 键，效果如图 5-84 所示。

图 5-83   图 5-84

（6）选择"椭圆形"工具 ，按住 Ctrl 键的同时绘制一个圆形，如图 5-85 所示。选择"选择"工具 ，用圈选的方法将两个图形同时选取，单击属性栏中的"合并"按钮 ，将两个图形合并为一个图形。设置图形颜色的 CMYK 值为 0、0、100、0，填充图形并去除图形的轮廓线，效果如图 5-86 所示。

（7）选择"矩形"工具 ，在适当的位置绘制一个矩形，在属性栏中进行设置，如图 5-87 所示，按 Enter 键，效果如图 5-88 所示。

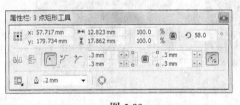

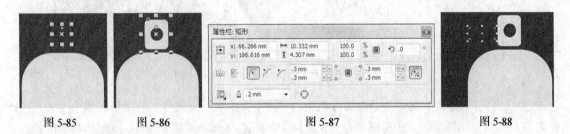

图 5-85   图 5-86   图 5-87   图 5-88

（8）选择"3 点矩形"工具 ，在适当的位置绘制一个矩形，在属性栏中进行设置，如图 5-89 所示，按 Enter 键，效果如图 5-90 所示。

图 5-89   图 5-90

（9）选择"选择"工具 ，用圈选的方法将两个图形同时选取，单击属性栏中的"合并"按钮 ，将两个图形合并为一个图形，如图 5-91 所示。设置图形颜色的 CMYK 值为 0、0、100、0，填充图形并去除图形的轮廓线，效果如图 5-92 所示。

图 5-91   图 5-92

（10）选择"矩形"工具 □，在适当的位置绘制一个矩形，在属性栏中进行设置，如图 5-93 所示，按 Enter 键。设置图形颜色的 CMYK 值为 0、0、100、0，填充图形，并去除图形的轮廓线，效果如图 5-94 所示。

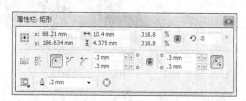
图 5-93

图 5-94

（11）选择"矩形"工具 □，在适当的位置绘制一个矩形，在属性栏中进行设置，如图 5-95 所示，按 Enter 键，效果如图 5-96 所示。

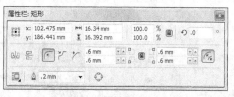
图 5-95

图 5-96

（12）选择"选择"工具 ，单击属性栏中的"转换为曲线"按钮，将图形转换为曲线。选择"形状"工具 ，用圈选的方法将图形左上角的两个节点同时选取，垂直向下拖曳到适当的位置，如图 5-97 所示。用相同的方法调整其他节点，效果如图 5-98 所示。

图 5-97

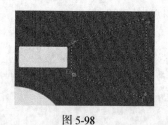
图 5-98

（13）设置图形颜色的 CMYK 值为 0、0、100、0，填充图形并去除图形的轮廓线，效果如图 5-99 所示。选择"选择"工具 ，用圈选的方法将灭火器图形同时选取，如图 5-100 所示。按 Ctrl+G 组合键将其群组。选择"贝塞尔"工具 ，分别绘制两个不规则图形，如图 5-101 所示。

图 5-99

图 5-100

图 5-101

（14）选择"选择"工具 ，用圈选的方法将两个图形同时选取，单击属性栏中的"移除前面对象"按钮 ，对图形进行剪切，效果如图 5-102 所示。设置图形颜色的 CMYK 值为 0、0、100、0，填充图形并去除图形的轮廓线，效果如图 5-103 所示。

（15）选择"文本"工具 ，在页面中输入需要的文字。选择"选择"工具 ，在属性栏中选择合适的字体并设置文字大小，设置文字填充颜色的 CMYK 值为 0、0、100、0，填充文字，效果如图 5-104 所示。图标绘制完成。

图 5-102　　　　　　　　图 5-103　　　　　　　　图 5-104

5.2.2　组合对象

绘制几个图形对象，使用"选择"工具 选中要进行群组的图形对象，如图 5-105 所示。选择"排列 > 群组"命令，或按 Ctrl+G 组合键，或单击属性栏中的"群组"按钮 ，都可以将多个图形对象群组，效果如图 5-106 所示。按住 Ctrl 键，选择"选择"工具 ，单击需要选取的子对象，松开 Ctrl 键，子对象被选取，效果如图 5-107 所示。

图 5-105　　　　　　　　图 5-106　　　　　　　　图 5-107

群组后的图形对象变成一个整体，移动一个对象，其他的对象将会随着移动，填充一个对象，其他的对象也将随着被填充。

选择"排列 > 取消群组"命令，或按 Ctrl+U 组合键，或单击属性栏中的"取消群组"按钮 ，可以取消对象的群组状态。选择"排列 > 取消全部群组"命令，或单击属性栏中的"取消全部群组"按钮 ，可以取消所有对象的群组状态。

> **提示**　在群组中，子对象可以是单个的对象，也可以是多个对象组成的群组，称之为群组的嵌套。使用群组的嵌套可以管理多个对象之间的关系。

5.2.3　结合

绘制几个图形对象，如图 5-108 所示。选择"选择"工具，选中要进行结合的图形对象，如图 5-109 所示。

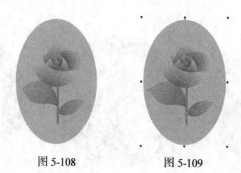

图 5-108　　　　　图 5-109

选择"排列 > 合并"命令，或按 Ctrl+L 组合键，或单击属性栏中的"合并"按钮，可以将多个图形对象结合，效果如图 5-110 所示。

使用"形状"工具，选中结合后的图形对象，可以对图形对象的节点进行调整，改变图形对象的形状，效果如图 5-111 所示。

图 5-110　　　　　　　图 5-111

选择"排列 > 拆分"命令，或按 Ctrl+K 组合键，或单击属性栏中的"拆分"按钮，可以取消图形对象的结合状态，原来结合的图形对象将变为多个单独的图形对象。

提示　如果对象合并前有颜色填充，那么结合后的对象将显示最后选取对象的颜色。如果使用圈选的方法选取对象，将显示圈选框最下方对象的颜色。

课堂练习——制作四季养生书籍封面

【练习知识要点】使用导入命令、对齐与分布命令导入并对齐素材图片，使用矩形工具、透明度工具制作背景效果，使用文本工具添加文字效果，如图 5-112 所示。

【素材所在位置】Ch05/素材/制作四季养生书籍封面/01~11。

【效果所在位置】Ch05/效果/制作四季养生书籍封面.cdr。

图 5-112

课后习题——制作京剧脸谱书籍封面

【习题知识要点】使用导入命令导入素材图片，使用对齐与分布命令对齐排列图片，使用文本工具添加封面文字，效果如图 5-113 所示。

【素材所在位置】Ch05/素材/制作京剧脸谱书籍封面/01~08。

【效果所在位置】Ch05/效果/制作京剧脸谱书籍封面.cdr。

图 5-113

第6章 编辑文本

本章介绍

CorelDRAW X6 具有强大的文本输入、编辑和处理功能。在 CorelDRAW X6 中，除了可以进行常规的文本输入和编辑外，还可以进行复杂的特效文本处理。通过学习本章的内容，读者可以了解并掌握应用软件编辑文本的方法和技巧。

学习目标

● 掌握文本的基本操作。
● 掌握文本效果的制作方法。

技能目标

● 掌握"商城促销海报"的制作方法。
● 掌握"banner 广告"的制作方法。
● 掌握"美容图标"的制作方法。
● 掌握"网站标志"的制作方法。

6.1 文本的基本操作

在 CorelDRAW 中，文本是具有特殊属性的图形对象。下面介绍在 CorelDRAW X6 中处理文本的一些基本操作。

命令介绍

文本工具：用于输入美术字文本和段落文本。

复制文本属性：可以快速地将不同的文本属性设置成相同的文本属性。

6.1.1 课堂案例——制作商场促销海报

【案例学习目标】学习使用文本工具制作商场促销海报。

【案例知识要点】使用渐变填充工具、轮廓笔命令和阴影工具制作标题文字效果，使用矩形工具绘制装饰图形，使用文本工具、文本属性命令调整宣传文字的字距和行距，效果如图 6-1 所示。

【效果所在位置】Ch06/效果/制作商场促销海报.cdr。

图 6-1

（1）按 Ctrl+N 组合键，新建一个 A4 页面。按 Ctrl+I 组合键，弹出"导入"对话框，选择本书学习资源中的"Ch06 > 素材 > 制作商场促销海报 > 01、02"文件，单击"导入"按钮，在页面中分别单击导入图片，并将其拖曳到适当的位置，调整其大小，效果如图 6-2 和图 6-3 所示。

（2）选择"文本"工具字，在页面中分别输入需要的文字，选择"选择"工具，在属性栏中分别选取适当的字体并设置文字大小，效果如图 6-4 所示。

图 6-2   图 6-3   图 6-4

（3）选择"选择"工具 ⬚，选取文字"7"。再次单击文字，使文字处于旋转状态，如图 6-5 所示。向右拖曳文字上方中间位置的控制手柄到适当的位置，将文字倾斜，效果如图 6-6 所示。用相同的方法制作其他文字效果，如图 6-7 所示。

图 6-5

图 6-6

图 6-7

（4）选择"选择"工具 ⬚，选取文字"倍积分"。选择"形状"工具 ⬚，文字处于编辑状态，如图 6-8 所示，向左拖曳文字下方的 ⬚ 图标到适当的位置，调整文字字距，效果如图 6-9 所示。用相同的方法调整其他文字字距，效果如图 6-10 所示。

图 6-8

图 6-9

图 6-10

（5）选择"选择"工具 ⬚，选择文字"7"。选择"渐变填充"工具 ⬚，弹出"渐变填充"对话框，点选"自定义"单选框，在"位置"选项中分别添加并输入 0、53、100 几个位置点，单击右下角的"其它"按钮，分别设置几个位置点颜色的 CMYK 值为 0（0、40、100、0）、53（0、2、100、0）、100（0、0、0、0），其他选项的设置如图 6-11 所示，单击"确定"按钮，填充文字，效果如图 6-12 所示。

图 6-11

图 6-12

（6）按 F12 键，弹出"轮廓笔"对话框，将"颜色"选项的 CMYK 值设为 0、100、100、0，其他选项的设置如图 6-13 所示，单击"确定"按钮，效果如图 6-14 所示。

图 6-13 图 6-14

（7）选择"阴影"工具 ，在图形上由中心向右下方拖曳光标，为图形添加阴影效果，在属性栏中进行设置，如图 6-15 所示，按 Enter 键，效果如图 6-16 所示。用相同的方法制作其他文字效果，如图 6-17 所示。

图 6-15 图 6-16 图 6-17

（8）Ctrl+I 组合键，弹出"导入"对话框，选择本书学习资源中的"Ch06 > 素材 > 制作商场促销海报 >03"文件，单击"导入"按钮，在页面中单击导入图片，拖曳到适当的位置并调整其大小，效果如图 6-18 所示。

（9）Ctrl+I 组合键，弹出"导入"对话框，选择本书学习资源中的"Ch06 > 素材 > 制作商场促销海报 >04"文件，单击"导入"按钮，在页面中单击导入图片，拖曳到适当的位置并调整其大小，效果如图 6-19 所示。多次按 Ctrl+PageDown 组合键将其后移，效果如图 6-20 所示。

（10）选择"文本"工具 字 ，输入需要的文字，选择"选择"工具 ，在属性栏中选取适当的字体并设置文字大小，设置文字颜色的 CMYK 值为 0、100、100、20，填充文字，效果如图 6-21 所示。

图 6-18 图 6-19 图 6-20 图 6-21

（11）选择"矩形"工具 ，在属性栏中进行设置，如图 6-22 所示。绘制一个矩形图形，设置图形颜色的 CMYK 值为 0、100、100、0，填充图形并去除图形的轮廓线，效果如图 6-23 所示。

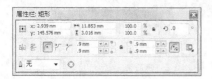

图 6-22   图 6-23

（12）选择"文本"工具 字，输入需要的文字，选择"选择"工具 ，在属性栏中选取适当的字体并设置文字大小，效果如图 6-24 所示。

（13）选择"渐变填充"工具 ，弹出"渐变填充"对话框，点选"自定义"单选框，在"位置"选项中分别添加并输入 0、53、100 几个位置点，单击右下角的"其他"按钮，分别设置几个位置点颜色的 CMYK 值为 0（0、40、100、0）、53（0、2、100、0）、100（0、0、0、0），其他选项的设置如图 6-25 所示，单击"确定"按钮，填充文字，效果如图 6-26 所示。

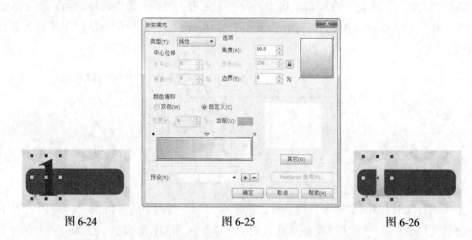

图 6-24   图 6-25   图 6-26

（14）按 F12 键，弹出"轮廓笔"对话框，将"颜色"选项的 CMYK 值设为 0、100、100、50，其他选项的设置如图 6-27 所示，单击"确定"按钮，效果如图 6-28 所示。

（15）选择"文本"工具 字，输入需要的文字，选择"选择"工具 ，在属性栏中选取适当的字体并设置文字大小，填充为白色，效果如图 6-29 所示。用相同的方法制作其他图形和文字效果，如图 6-30 所示。

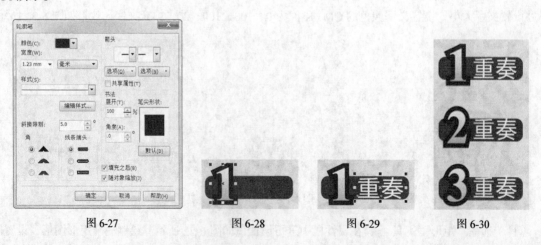

图 6-27   图 6-28   图 6-29   图 6-30

（16）选择"文本"工具 字，输入需要的文字，选择"选择"工具 ，在属性栏中选取适当的字体并设置文字大小，效果如图 6-31 所示。选择"文本 > 文本属性"命令，在弹出的面板中进行设置，如图 6-32 所示，按 Enter 键，效果如图 6-33 所示。商场促销海报制作完成。

图 6-31　　　　　　　　　　　图 6-32　　　　　　　　　图 6-33

6.1.2　创建文本

CorelDRAW X6 中的文本具有两种类型，分别是美术字文本和段落文本。它们在使用方法、应用编辑格式、应用特殊效果等方面有很大的区别。

1. 输入美术字文本

选择"文本"工具，在绘图页面中单击，出现"I"形插入文本光标，这时属性栏显示为"属性栏：文本"。选择字体，设置字号和字符属性，如图 6-34 所示。设置好后，直接输入美术字文本，效果如图 6-35 所示。

图 6-34　　　　　　　　　　　　　　　　　图 6-35

2. 输入段落文本

选择"文本"工具，在绘图页面中按住鼠标左键不放，沿对角线拖曳鼠标，出现一个矩形的文本框，松开鼠标左键，文本框如图 6-36 所示。在"文本"属性栏中选择字体，设置字号和字符属性，如图 6-37 所示。设置好后，直接在虚线框中输入段落文本，效果如图 6-38 所示。

图 6-36　　　　　　　　　　　图 6-37　　　　　　　　　图 6-38

技巧　利用剪切、复制和粘贴命令，可以将其他文本处理软件中的文本复制到 CorelDRAW X6 的文本框中，如 Office 软件。

3. 转换文本模式

使用"选择"工具 ，选中美术字文本，如图 6-39 所示。选择"文本 > 转换到段落文本"命令，或按 Ctrl+F8 组合键，可以将其转换到段落文本，如图 6-40 所示。再次按 Ctrl+F8 组合键，可以将其转换回美术字文本，如图 6-41 所示。

图 6-39　　　　　　　　　　图 6-40　　　　　　　　　　图 6-41

提示　当美术字文本转换成段落文本后，它就不是图形对象，也就不能进行特殊效果的操作。当段落文本转换成美术字文本后，它会失去段落文本的格式。

6.1.3　改变文本的属性

1. 在属性栏中改变文本的属性

选择"文本"工具 ，属性栏如图 6-42 所示。各选项的含义如下。

字体：单击 Arial 右侧的三角按钮，可以选取需要的字体。

字号：单击 24 pt 右侧的三角按钮，可以选取需要的字号。

 ：分别设定字体为粗体、斜体或下画线的属性。

"文本方式"按钮 ：在其下拉列表中选择文本的对齐方式。

"文本属性"按钮 ：打开"文本属性"对话框。

"编辑文本"按钮 ：打开"编辑文本"对话框，可以编辑文本的各种属性。

 ：设置文本的排列方式为水平或垂直。

图 6-42

2. 利用"文本属性"面板改变文本的属性

单击属性栏中的"文本属性"按钮 ，打开"文本属性"面板，如图 6-43 所示，可以设置文字的字体及大小等属性。

6.1.4　文本编辑

图 6-43

选择"文本"工具 ，在绘图页面中的文本中单击鼠标左键，插入鼠标光标并按住鼠标左键不放，拖曳可以选中需要的文本，松开鼠标左键，效果如图 6-44 所示。

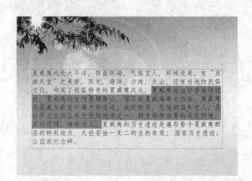

图 6-44

在"文本"属性栏中重新选择字体，如图 6-45 所示。设置好后，选中文本的字体被改变，效果如图 6-46 所示。在"文本"属性栏中还可以设置文本的其他属性。

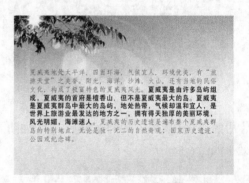

图 6-45   图 6-46

选中需要填色的文本，在调色板中需要的颜色上单击鼠标左键，可以为选中的文本填充颜色，效果如图 6-47 所示。在页面上的任意位置单击鼠标左键，可以取消对文本的选取，如图 6-48 所示。

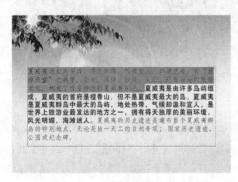

图 6-47   图 6-48

按住 Alt 键并拖曳文本框，如图 6-49 所示，可以按文本框的大小改变段落文本的大小，效果如图 6-50 所示。

选中需要复制的文本，如图 6-51 所示，按 Ctrl+C 组合键，将选中的文本复制到 Windows 的剪贴板中。用光标在文本中其他位置单击插入光标，再按 Ctrl+V 组合键，可以将选中的文本复制并粘贴到文本中的其他位置，效果如图 6-52 所示。

图 6-49

图 6-50

图 6-51

图 6-52

在文本中的任意位置插入鼠标的光标，效果如图 6-53 所示，再按 Ctrl+A 组合键，可以将整个文本选中，效果如图 6-54 所示。

图 6-53

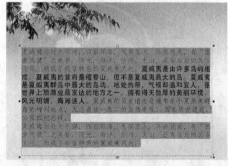

图 6-54

选择"选择"工具 ，选中需要编辑的文本，单击属性栏中的"编辑文本"按钮 ，或选择"文本 > 编辑文本"命令，或按 Ctrl+Shift+T 组合键，弹出"编辑文本"对话框，如图 6-55 所示。

在"编辑文本"对话框中，上面的选项 可以设置文本的属性，中间的文本栏可以输入需要的文本。

单击下面的"选项"按钮，弹出如图 6-56 所示的快捷菜单，在其中选择需要的命令来完成编辑文本的操作。

单击下面的"导入"按钮，弹出如图 6-57 所示的"导入"对话框，可以将需要的文本导入"编辑文本"对话框的文本框中。

在"编辑文本"对话框中编辑好文本后，单击"确定"按钮，编辑好的文本内容就会出现在绘图页面中。

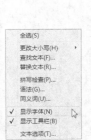

图 6-55   图 6-56   图 6-57

6.1.5 文本导入

在杂志、报纸的制作过程中，经常会将已编辑好的文本插入页面中，这些编辑好的文本都是用其他的文字处理软件输入的。使用 CorelDRAW X6 的导入功能，可以方便快捷地完成输入文本的操作。

1．使用剪贴板导入文本

CorelDRAW X6 可以借助剪贴板在两个运行的程序间剪贴文本。一般可以使用的文字处理软件有 Word、WPS 等。

在 Word、WPS 等软件的文件中选中需要的文本，按 Ctrl+C 组合键，将文本复制到剪贴板。

在 CorelDRAW X6 中选择"文本"工具字，在绘图页面中需要插入文本的位置单击鼠标左键，出现"I"形插入文本光标。按 Ctrl+V 组合键，将剪贴板中的文本粘贴到插入文本光标的位置，美术字文本的导入完成。

在 CorelDRAW X6 中选择"文本"工具字，在绘图页面中单击鼠标左键并拖曳绘制出一个文本框。按 Ctrl+V 组合键，将剪贴板中的文本粘贴到文本框中。段落文本的导入完成。

选择"编辑 > 选择性粘贴"命令，弹出"选择性粘贴"对话框，如图 6-58 所示。在对话框中，可以将文本以图片、Word 文档格式、纯文本 Text 格式导入，可以根据需要选择不同的导入格式。

图 6-58

2．使用菜单命令导入文本

选择"文件 > 导入"命令，或按 Ctrl+I 组合键，弹出"导入"对话框，选择需要导入的文本文件，如图 6-59 所示，单击"导入"按钮。

在绘图页面上会出现"导入/粘贴文本"对话框，如图 6-60 所示，转换过程正在进行，如果单击"取消"按钮，可以取消文本的导入。选择需要的导入方式，单击"确定"按钮。

图 6-59

图 6-60

转换过程完成后，在绘图页面中会出现一个标题光标，如图 6-61 所示，按住鼠标左键并拖曳绘制出文本框，效果如图 6-62 所示；松开鼠标左键，导入的文本出现在文本框中，效果如图 6-63 所示。如果文本框的大小不合适，可以用光标拖曳文本框边框的控制点调整文本框的大小，效果如图 6-64 所示。

图 6-61

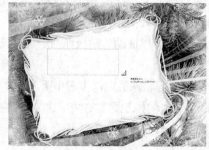
图 6-62

图 6-63

图 6-64

提示 当导入的文本文字太多时，绘制的文本框将不能容纳这些文字，这时，CorelDRAW X6 会自动增加新页面，并建立相同的文本框，将其余容纳不下的文字导入进去，直到全部导入完成为止。

6.1.6　字体设置

通过"文本"属性栏可以对美术字文本和段落文本的字体、字号的大小、字体样式和段落等属性进行简单的设置，效果如图 6-65 所示。

选中文本，效果如图 6-66 所示。选择"文本 > 文本属性"命令，或单击"文本"属性栏中的"文本属性"按钮 Aↄ，或按 Ctrl+T 组合键，弹出"文本属性"对话框，如图 6-67 所示。

在"文本属性"对话框中，可以设置文本的字体、字号大小等属性，在"字距调整范围"选项中，可以设置字距。在"字符效果"设置区中，可以设置文本的效果。在"字符偏移"设置区中可以设置位移和倾斜角度。

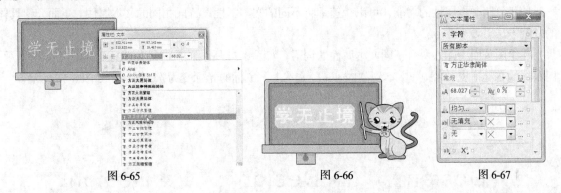

图 6-65　　　　　　　　　　　　　　图 6-66　　　　　　　　　　　　　图 6-67

6.1.7　字体属性

字体属性的修改方法很简单，下面介绍使用"形状"工具 ⟨⟩ 修改字体属性的方法和技巧。

用美术字模式在绘图页面中输入文本，效果如图 6-68 所示。选择"形状"工具 ⟨⟩，在每个文字的左下角将出现一个空心节点 ▯，效果如图 6-69 所示。

图 6-68　　　　　　　　　　　　　图 6-69

使用"形状"工具 ⟨⟩ 单击第一个字的空心节点 ▯，使空心节点 ▯ 变为黑色 ▪，效果如图 6-70 所示。

在属性栏中选择新的字体，第一个字的字体属性被改变，效果如图 6-71 所示。使用相同的方法，将第 2 个字的字体属性改变，效果如图 6-72 所示。

按住 Shift 键，单击后两个字的空心节点 ▯ 使其同时变为黑色 ▪，在属性栏中选择新的字体，后两个字的字体属性同时被改变，效果如图 6-73 所示。

图 6-70

图 6-71　　　　　　　图 6-72　　　　　　　图 6-73

6.1.8　复制文本属性

使用复制文本属性的功能，可以快速地将不同的文本属性设置成相同的文本属性。下面介绍具体的复制方法。

在绘图页面中输入两个不同文本属性的词语，如图 6-74 所示。选中文本"Best"，如图 6-75 所示。用鼠标的右键拖曳"Best"文本到"Design"文本上，鼠标的光标变为 $A_{\sim}$ 图标，如图 6-76 所示。

图 6-74　　　　　　　图 6-75　　　　　　　图 6-76

松开鼠标右键，弹出快捷菜单，选择"复制所有属性"命令，如图 6-77 所示，将"Best"文本的属性复制给"Design"文本，效果如图 6-78 所示。

图 6-77　　　　　　　　　　　　　　图 6-78

命令介绍

间距：用于设置美术字文本和段落文本中字符与字符、行与行之间的距离。

制表位：将文本定位于文本框中指定的水平位置。

6.1.9 课堂案例——制作 banner 广告

【案例学习目标】学习使用文字工具、形状工具来制作 banner 广告。

【案例知识要点】使用文本工具输入广告文字，使用形状工具调整文字间距，效果如图 6-79 所示。

【效果所在位置】Ch06/效果/制作 banner 广告.cdr。

图 6-79

（1）按 Ctrl+N 组合键，新建一个页面。在属性栏的"页面度量"选项中分别设置宽度为 667mm、高度为 225mm，按 Enter 键，页面尺寸显示为设置的大小。

（2）选择"文件 > 导入"命令，弹出"导入"对话框。选择本书学习资源中的"Ch06> 素材 > 制作 banner 广告 > 01"文件，单击"导入"按钮，在页面中单击导入的图片，将其拖曳到适当的位置，效果如图 6-80 所示。

图 6-80

（3）选择"文本"工具，在页面中输入需要的文字，选择"选择"工具，在属性栏中选取适当的字体并设置文字大小，效果如图 6-81 所示。设置文字颜色的 CMYK 值为 100、0、100、0，填充文字，效果如图 6-82 所示。

图 6-81   图 6-82

（4）选择"形状"工具，向左拖曳文字下方的图标，调整文字字距，效果如图 6-83 所示。用相同的方法添加其他文字并调整字距，效果如图 6-84 所示。

（5）选择"文本"工具，选取输入的文字"心"，设置文字大小为 128，并设置文字颜色的 CMYK

值为 0、100、100、0，填充文字，效果如图 6-85 所示。

图 6-83　　　　　　　　　图 6-84　　　　　　　　　图 6-85

（6）选择"文本"工具 字，在页面中输入需要的文字，选择"选择"工具 ，在属性栏中选取适当的字体并设置文字大小，效果如图 6-86 所示。选取输入的文字"2"，设置文字颜色的 CMYK 值为 0、100、100、0，填充文字，效果如图 6-87 所示。

图 6-86　　　　　　　　　　　　　　图 6-87

（7）选择"文本"工具 字，在页面中输入需要的文字，选择"选择"工具 ，在属性栏中选取适当的字体并设置文字大小，效果如图 6-88 所示。使用相同的方法添加其他文字并填充适当颜色，效果如图 6-89 所示。banner 广告制作完成，效果如图 6-90 所示。

图 6-88　　　　　　　　　　　　　　图 6-89

图 6-90

6.1.10　设置间距

输入美术字文本或段落文本，效果如图 6-91 所示。使用"形状"工具 选中文本，文本的节点将处于编辑状态，如图 6-92 所示。

图 6-91

图 6-92

用鼠标拖曳╟图标，可以调整文本中字符和字的间距；拖曳╤图标，可以调整文本中行的间距，如图 6-93 所示。使用键盘上的方向键，可以对文本进行微调。按住 Shift 键，将段落中第二行文字左下角的节点全部选中，如图 6-94 所示。

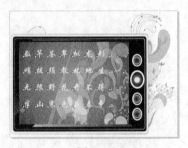
图 6-93

图 6-94

将鼠标放在黑色的节点上并拖曳鼠标，如图 6-95 所示。可以将第二行文字移动到需要的位置，效果如图 6-96 所示。使用相同的方法可以对单个字进行移动调整。

图 6-95

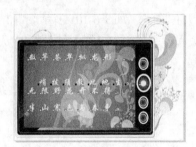
图 6-96

提示 单击"文本"工具属性栏中的"文本属性"按钮，弹出"文本属性"面板，在"字距调整范围"选项的数值框中可以设置字符的间距；在"段落"设置区的"行间距"选项中可以设置行的间距，用来控制段落中行与行间的距离。

6.1.11　设置文本嵌线和上下标

1. 设置文本嵌线

选中需要处理的文本，如图 6-97 所示。单击"文本"属性栏中的"文本属性"按钮，弹出"文本属性"泊坞窗，如图 6-98 所示。

图 6-97

图 6-98

单击"下划线"按钮 ，在弹出的下拉列表中选择线型，如图 6-99 所示，文本下画线的效果如图 6-100 所示。

图 6-99

图 6-100

选中需要处理的文本，如图 6-101 所示。单击"文本属性"面板中的 按钮，弹出更多选项，在"字符删除线" 选项的下拉列表中选择线型，如图 6-102 所示，文本删除线的效果如图 6-103 所示。

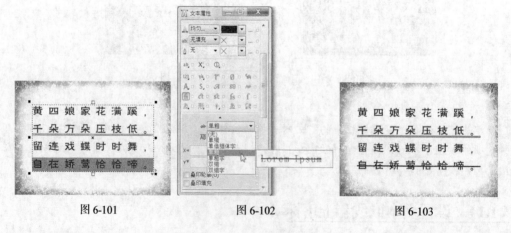

图 6-101　　　　　　　图 6-102　　　　　　　图 6-103

选中需要处理的文本，如图 6-104 所示。在"字符上划线" 选项的下拉列表中选择线型，如图 6-105 所示，文本上画线的效果如图 6-106 所示。

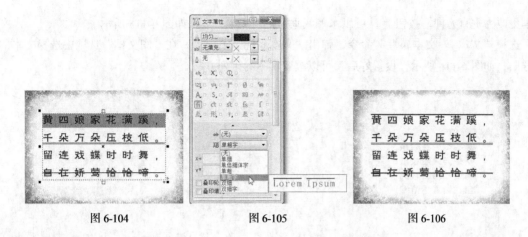

图 6-104　　　　　　　　图 6-105　　　　　　　　　　图 6-106

2. 设置文本上下标

选中需要制作上标的文本，如图 6-107 所示。单击"文本"属性栏中的"文本属性"按钮，弹出"文本属性"泊坞窗，如图 6-108 所示。

单击"位置"按钮，在弹出的下拉列表中选择"上标"选项，如图 6-109 所示，设置上标的效果如图 6-110 所示。

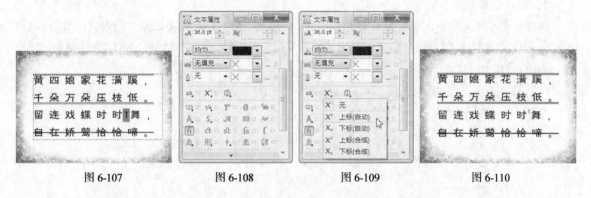

图 6-107　　　　　图 6-108　　　　　图 6-109　　　　　图 6-110

选中需要制作下标的文本，如图 6-111 所示。单击"位置"按钮，在弹出的下拉列表中选择"下标"选项，如图 6-112 所示，设置下标的效果如图 6-113 所示。

图 6-111　　　　　　　图 6-112　　　　　　　图 6-113

3. 设置文本的排列方向

选中文本，如图 6-114 所示。在"文本"属性栏中，单击"将文字更改为水平方向"按钮或"将文本更改为垂直方向"按钮▥，可以水平或垂直排列文本，效果如图 6-115 所示。

选择"文本 > 文本属性"命令，弹出"文本属性"泊坞窗，在"图文框"选项中选择文本的排列方向，如图 6-116 所示，设置好后，可以改变文本的排列方向。

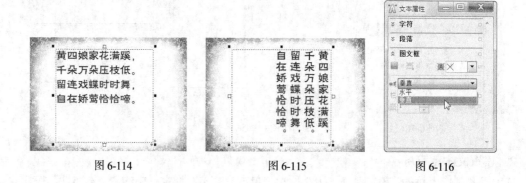

图 6-114　　　　　　　　图 6-115　　　　　　　　图 6-116

6.1.12　设置制表位和制表符

1．设置制表位

选择"文本"工具字，在绘图页面中绘制一个段落文本框，标尺上出现多个制表位，如图 6-117 所示。选择"文本 > 制表位"命令，弹出"制表位设置"对话框，在对话框中可以进行制表位的设置，如图 6-118 所示。

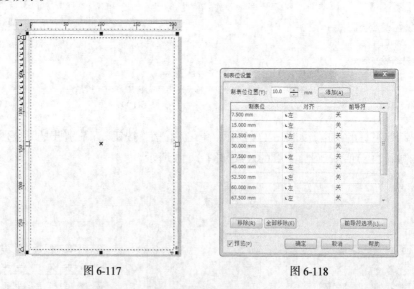

图 6-117　　　　　　　　图 6-118

在数值框中输入数值或调整数值，可以设置制表位的距离，如图 6-119 所示。

在"制表位设置"对话框中，单击"对齐"选项，出现制表位对齐方式下拉列表，可以设置字符出现在制表位上的位置，如图 6-120 所示。

在"制表位设置"对话框中，选中一个制表位，单击"移除"或"全部移除"按钮，可以删除制表位，单击"添加"按钮，可以增加制表位。设置好制表位后，单击"确定"按钮，完成制表位的设置。

图 6-119

图 6-120

提示 在段落文本框中插入光标，在键盘上按 Tab 键，每按一次 Tab 键，插入的光标就会按新设置的制表位移动。

2．设置制表符

选择"文本"工具 字 ，在绘图页面中绘制一个段落文本框，效果如图 6-121 所示。

在标尺上出现多个"L"形滑块，就是制表位，效果如图 6-122 所示。在任意一个制表位上单击鼠标右键，弹出快捷菜单，在快捷菜单中可以选择该制表位的对齐方式，如图 6-123 所示，也可以对网格、标尺和辅助线进行设置。

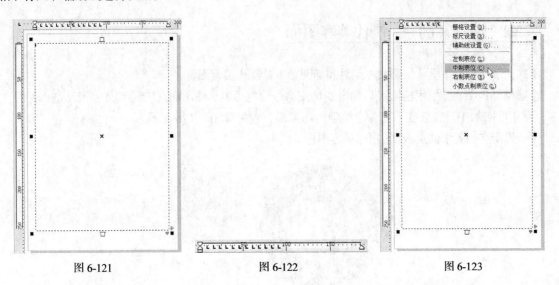

图 6-121   图 6-122   图 6-123

在上方的标尺上拖曳"L"形滑块，可以将制表位移动到需要的位置，效果如图 6-124 所示。在标尺上的任意位置单击鼠标左键，可以添加一个制表位，效果如图 6-125 所示。将制表位拖放到标尺外，就可以删除该制表位。

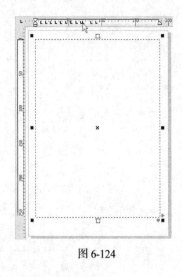

图 6-124

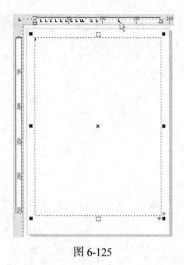

图 6-125

6.2   文本效果

在 CorelDRAW X6 中，可以根据设计制作任务的需要，制作多种文本效果。下面具体讲解文本效果的制作。

命令介绍

首字下沉：将段落中的第一个字符下沉。

文本绕图：文本绕对象的边界排列。

6.2.1   课堂案例——制作美容图标

【案例学习目标】学习使用文本工具和椭圆形工具制作美容图标。

【案例知识要点】使用椭圆工具和渐变填充命令绘制背景，使用椭圆工具和文字工具制作路径文字，使用贝塞尔工具和渐变填充命令绘制装饰图形，效果如图 6-126 所示。

【效果所在位置】Ch06/效果/制作美容图标.cdr。

扫码观看
本案例视频

图 6-126

（1）按 Ctrl+N 组合键，新建一个页面。在属性栏的"页面度量"选项中分别设置宽度为 210mm、高度为 285mm，按 Enter 键，页面尺寸显示为设置的大小。

（2）选择"椭圆形"工具 ◯，按住 Ctrl 键的同时，在页面中绘制一个圆形，如图 6-127 所示。按

F11 键，弹出"渐变填充"对话框，点选"自定义"单选项，在"位置"选项中分别添加并输入 0、15、100 几个位置点，单击右下角的"其它"按钮，分别设置几个位置点颜色的 CMYK 值为 0（36、100、35、8）、15（36、100、35、8）、100（0、95、20、0），其他选项的设置如图 6-128 所示，单击"确定"按钮，填充图形并去除图形轮廓线，效果如图 6-129 所示。

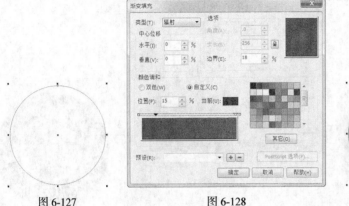

图 6-127　　　　　　　　图 6-128　　　　　　　　图 6-129

（3）选择"选择"工具，在属性栏中设置"轮廓宽度" 为 4，设置图形填充颜色的 CMYK 值为 70、20、0、0，填充图形的轮廓线，效果如图 6-130 所示。

（4）选择"选择"工具，选取绘制的圆形，按住 Shift 键的同时向内拖曳圆形，单击鼠标右键，复制图形，效果如图 6-131 所示。取消图形的填充色和轮廓色，效果如图 6-132 所示。

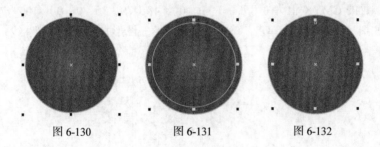

图 6-130　　　　　　　　图 6-131　　　　　　　　图 6-132

（5）选择"文本"工具，将光标置于无色的圆形路径上，当光标变为 图标时单击鼠标左键输入需要的文字，选择"选择"工具，在属性栏中选择适当的字体并设置文字大小，填充文字颜色为白色，如图 6-133 所示，效果如图 6-134 所示。

（6）选择"椭圆形"工具，按住 Ctrl 键的同时在页面中绘制一个圆形，设置图形填充颜色为白色，在属性栏中设置"轮廓宽度" 为 2，设置图形轮廓线颜色的 CMYK 值为 70、20、0、0，填充图形的轮廓线，效果如图 6-135 所示。

图 6-133　　　　　　　　图 6-134　　　　　　　　图 6-135

（7）选择"贝塞尔"工具 ，绘制一个不规则图形，效果如图 6-136 所示。按 F11 键，弹出"渐变填充"对话框，点选"自定义"单选项，在"位置"选项中分别添加并输入 0、48、100 几个位置点，单击右下角的"其它"按钮，分别设置几个位置点颜色的 CMYK 值为 0（55、0、0、0）、48（75、36、0、0）、100（75、36、0、0），其他选项的设置如图 6-137 所示，单击"确定"按钮，填充图形并去除图形轮廓线，效果如图 6-138 所示。

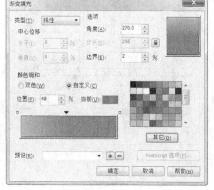

图 6-136　　　　　　　　　　图 6-137　　　　　　　　　　图 6-138

（8）选择"选择"工具 ，选取需要的图形，按住 Shift 键的同时向内等比例缩小图形，单击鼠标右键，复制图形，效果如图 6-139 所示。按 F11 键，弹出"渐变填充"对话框，点选"自定义"单选项，在"位置"选项中分别添加并输入 0、48、100 几个位置点，单击右下角的"其它"按钮，分别设置几个位置点颜色的 CMYK 值为 0（55、0、0、0）、48（75、36、0、0）、100（75、36、0、0），其他选项的设置如图 6-140 所示，单击"确定"按钮，填充图形并去除图形轮廓线，效果如图 6-141 所示。

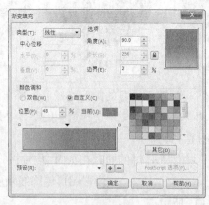

图 6-139　　　　　　　　　　图 6-140　　　　　　　　　　图 6-141

（9）选择"贝塞尔"工具 ，绘制一个不规则图形，效果如图 6-142 所示。按 F11 键，弹出"渐变填充"对话框，点选"自定义"单选项，在"位置"选项中分别添加并输入 0、17、63、100 几个位置点，单击右下角的"其它"按钮，分别设置几个位置点颜色的 CMYK 值为 0（75、36、0、0）、17（75、36、0、0）、63（71、12、0、0）、100（31、0、0、0），其他选项的设置如图 6-143 所示，单击"确定"按钮，填充图形并去除图形轮廓线，效果如图 6-144 所示。

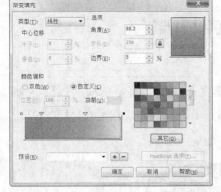

图 6-142   图 6-143   图 6-144

（10）按 Ctrl+I 组合键，弹出"导入"对话框，选择本书学习资源中的"Ch06＞ 素材 ＞ 制作美容图标 ＞01"文件，单击"导入"按钮，在页面中单击导入图片，将其拖曳到适当的位置并调整其大小，填充图形为白色，如图 6-145 所示。

（11）选择"贝塞尔"工具 ，绘制一个不规则图形，效果如图 6-146 所示。按 F11 键，弹出"渐变填充"对话框，点选"自定义"单选项，在"位置"选项中分别添加并输入 0、77、100 几个位置点，单击右下角的"其它"按钮，分别设置几个位置点颜色的 CMYK 值为 0（55、0、0、0）、77（75、36、0、0）、100（75、36、0、0），其他选项的设置如图 6-147 所示，单击"确定"按钮，填充图形并去除图形轮廓线，效果如图 6-148 所示。用相同方法绘制其他图形，效果如图 6-149 所示。美容图标绘制完成。

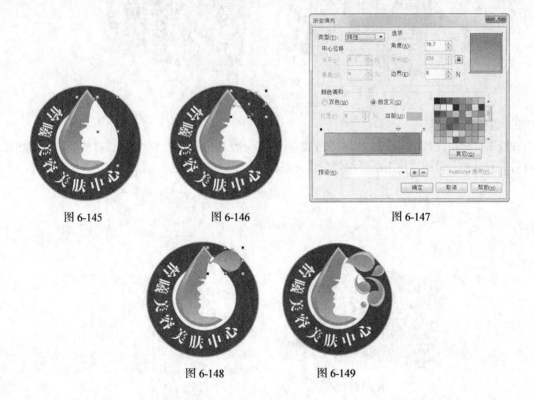

图 6-145   图 6-146   图 6-147

图 6-148   图 6-149

6.2.2　设置首字下沉和项目符号

1. 设置首字下沉

在绘图页面中打开一个段落文本，如图 6-150 所示。选择"文本 > 首字下沉"命令，弹出"首字下沉"对话框，勾选"使用首字下沉"复选框，如图 6-151 所示。

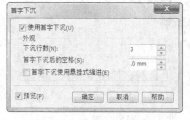

图 6-150　　　　　　　　　　　　图 6-151

单击"确定"按钮，各段落首字下沉效果如图 6-152 所示。勾选"首字下沉使用悬挂式缩进"复选框，单击"确定"按钮，悬挂式缩进首字下沉效果如图 6-153 所示。

图 6-152　　　　　　　　　　　　图 6-153

2. 设置项目符号

在绘图页面中打开一个段落文本，效果如图 6-154 所示。选择"文本 > 项目符号"命令，弹出"项目符号"对话框，勾选"使用项目符号"复选框，对话框如图 6-155 所示。

图 6-154　　　　　　　　　　　　图 6-155

在对话框"外观"设置区的"字体"选项中可以设置字体的类型；在"符号"选项中可以选择项目符号样式；在"大小"选项中可以设置字体符号的大小；在"基线位移"选项中可以选择基线的距离。在"间距"设置区中可以调节文本和项目符号的缩进距离。

设置需要的选项，如图 6-156 所示。单击"确定"按钮，段落文本中添加了新的项目符号，效果如图 6-157 所示。在段落文本中需要另起一段的位置插入光标，按 Enter 键，项目符号会自动添加在新段落的前面，效果如图 6-158 所示。

图 6-156

图 6-157

图 6-158

6.2.3　文本绕路径

选择"文本"工具 ，在绘图页面中输入美术字文本。使用"椭圆形"工具 ，绘制一个椭圆形路径，选中美术字文本，效果如图 6-159 所示。

选择"文本 > 使文本适合路径"命令，出现箭头图标，将箭头放在椭圆路径上，文本自动绕路径排列，如图 6-160 所示。单击鼠标左键确定，效果如图 6-161 所示。

图 6-159

图 6-160

图 6-161

选中绕路径排列的文本，如图 6-162 所示。在如图 6-163 所示的属性栏中可以设置"文字方向""与路径距离""水平偏移"选项。通过设置可以产生多种文本绕路径的效果，如图 6-164 所示。

图 6-162

图 6-163

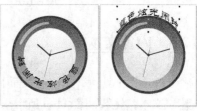

图 6-164

6.2.4　对齐文本

选择"文本"工具 🈳，在绘图页面中输入段落文本，单击"文本"属性栏中的"文本对齐"按钮 🔛，弹出其下拉列表，共有 6 种对齐方式，如图 6-165 所示。

选择"文本 > 文本属性"命令，弹出"文本属性"对话框，在"段落"对话框中的"调整间距设置"按钮 ⚏ 选项的下拉列表中可以选择文本的对齐方式，如图 6-166 所示。

图 6-165

图 6-166

无：CorelDRAW X6 默认的对齐方式。选择它将对文本不产生影响，文本可以自由变换，但单纯的无对齐方式文本的边界会参差不齐。

左：选择左对齐后，段落文本会以文本框的左边界对齐。

中：选择居中对齐后，段落文本的每一行都会在文本框中居中。

右：选择右对齐后，段落文本会以文本框的右边界对齐。

全部调整：选择全部对齐后，段落文本的每一行都会同时对齐文本框的左右两端。

强制调整：选择强制全部对齐后，可以对段落文本的所有格式进行调整。

选中进行过移动调整的文本，如图 6-167 所示，选择"文本 > 对齐基线"命令，可以将文本重新对齐，效果如图 6-168 所示。

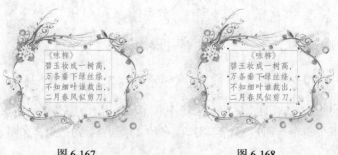

图 6-167　　　　　　　　　　　　　图 6-168

6.2.5　内置文本

选择"文本"工具 🈳，在绘图页面中输入美术字文本，使用"基本形状"工具 🔲 绘制一个图形，选中美术字文本，效果如图 6-169 所示。

用鼠标右键拖曳文本到图形内，当光标变为十字形 ⊕ 圆环，松开鼠标右键，弹出快捷菜单，选择

"内置文本"命令，如图 6-170 所示，文本被置入图形内，美术字文本自动转换为段落文本，效果如图 6-171 所示。选择"文本 > 段落文本框 > 使文本适合框架"命令，文本和图形对象基本适配，效果如图 6-172 所示。

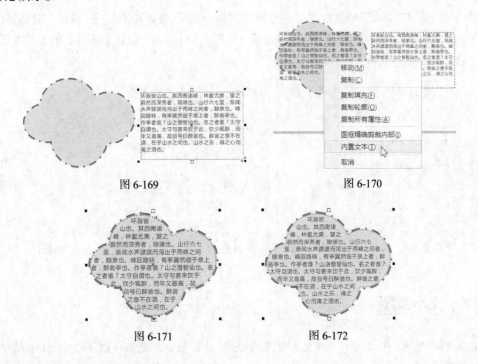

图 6-169　　　　　　　　　　　　　　　　图 6-170

图 6-171　　　　　　　　　　　　　　　　图 6-172

6.2.6　段落文字的连接

在文本框中经常会出现文本被遮住而不能完全显示的问题，如图 6-173 所示。可以通过调整文本框的大小来使文本完全显示，还可以通过多个文本框的连接来使文本完全显示。

选择"文本"工具 字，单击文本框下部的 图标，鼠标光标变为 形状，在页面中按住鼠标左键不放，沿对角线拖曳鼠标，绘制一个新的文本框，如图 6-174 所示。松开鼠标左键，在新绘制的文本框中显示出被遮住的文字，效果如图 6-175 所示。拖曳文本框到适当的位置，如图 6-176 所示。

图 6-173

图 6-174　　　　　　　　图 6-175　　　　　　　　图 6-176

6.2.7　段落分栏

选择一个段落文本，如图 6-177 所示。选择"文本 > 栏"命令，弹出"栏设置"对话框，将"栏数"选项设置为"2"，栏间宽度设置为"8.0mm"，如图 6-178 所示，设置完成后，单击"确定"按钮，段落文本被分为两栏，效果如图 6-179 所示。

图 6-177　　　　　　　　　　　　　图 6-178　　　　　　　　　　　　　图 6-179

6.2.8　文本绕图

在 CorelDRAW X6 中提供了多种文本绕图的形式，应用好文本绕图可以使设计制作的杂志或报刊更加生动美观。

选择"文件 > 导入"命令，或按 Ctrl+I 组合键，弹出"导入"对话框。在对话框的"查找范围"列表框中选择需要的文件夹，在文件夹中选取需要的位图文件，单击"导入"按钮，在页面中单击，位图被导入页面中，将位图调整到段落文本中的适当位置，效果如图 6-180 所示。

在位图上单击鼠标右键，在弹出的快捷菜单中选择"段落文本换行"命令，如图 6-181 所示，文本绕图效果如图 6-182 所示。在属性栏中单击"文本换行"按钮，在弹出的下拉菜单中可以设置换行样式，在"文本换行偏移"选项的数值框中可以设置偏移距离，如图 6-183 所示。

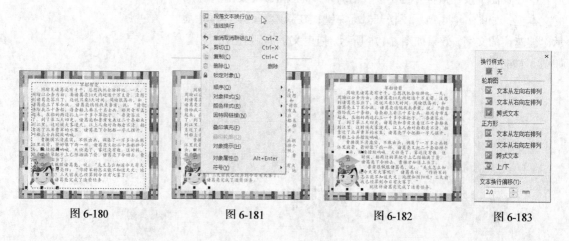

图 6-180　　　　　　　　　　图 6-181　　　　　　　　　　图 6-182　　　　　　　图 6-183

命令介绍

插入符号字符：提供了多种特殊字符，并可以根据需要将字符作为图形添加到设计作品中。

6.2.9　课堂案例——制作网站标志

【案例学习目标】学习使用文本工具和插入符号字符命令制作网站标志。

【案例知识要点】使用文本工具输入需要的文字。使用插入符号字符命令插入需要的字符，效果如图 6-184 所示。

【效果所在位置】Ch06/效果/制作网站标志.cdr。

图 6-184

（1）按 Ctrl+N 组合键，新建一个 A4 页面。按 Ctrl+I 组合键，弹出"导入"对话框，选择本书学习资源中的"Ch06 > 素材 > 制作网站标志 > 01"文件，单击"导入"按钮，在页面中单击导入图片，如图 6-185 所示。选择"椭圆形"工具 ○，按住 Ctrl 键，绘制一个圆形，如图 6-186 所示。按 F12 键弹出"轮廓笔"对话框，在"颜色"选项中设置轮廓线的颜色为白色，其他选项的设置如图 6-187 所示，单击"确定"按钮，效果如图 6-188 所示。

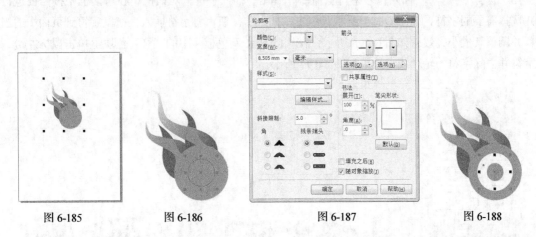

图 6-185　　　　图 6-186　　　　图 6-187　　　　图 6-188

（2）选择"文本"工具 字，在页面中输入需要的文字，选择"选择"工具 ，在属性栏中选择适当的字体并设置文字大小，效果如图 6-189 所示。按 Ctrl+Q 组合键，将文字转化为曲线，效果如图 6-190 所示。

图 6-189    图 6-190

（3）选择"形状"工具 ，用圈选的方法将需要的节点同时选取，如图 6-191 所示，按 Delete 键将其删除，效果如图 6-192 所示。

图 6-191    图 6-192

（4）选择"形状"工具 ，用圈选的方法将需要的节点同时选取，如图 6-193 所示，按 Delete 键将其删除，效果如图 6-194 所示。

图 6-193 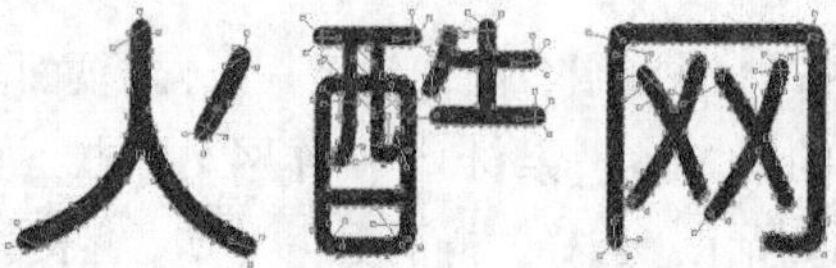   图 6-194

（5）选择"文本 > 插入符号字符"命令，弹出"插入字符"对话框，在对话框中按需要进行设置并选择需要的字符，如图 6-195 所示，单击"插入"按钮，将字符插入，拖曳字符到页面中适当的位置并调整其大小，效果如图 6-196 所示，在"CMYK 调色板"中的"红"色块上单击鼠标左键，填充字符并去除字符的轮廓线，效果如图 6-197 所示。

图 6-195    图 6-196    图 6-197

（6）选择"贝塞尔"工具 ，绘制一个不规则图形，如图 6-198 所示。在"CMYK 调色板"中的"红"色块上单击鼠标左键，填充图形并去除图形的轮廓线，效果如图 6-199 所示。按 Esc 键取消图形的选取状态，标志制作完成，效果如图 6-200 所示。

图 6-198   图 6-199   图 6-200

6.2.10 插入字符

选择"文本"工具 ，在文本中需要的位置单击鼠标左键插入光标，如图 6-201 所示。选择"文本 > 插入符号字符"命令，或按 Ctrl+F11 组合键，弹出"插入字符"泊坞窗，在需要的字符上双击鼠标左键，或选中字符后单击"插入"按钮，如图 6-202 所示，字符插入到文本中，效果如图 6-203 所示。

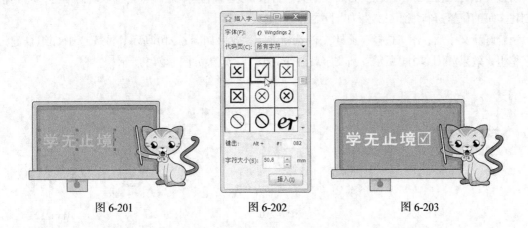

图 6-201   图 6-202   图 6-203

6.2.11 将文字转化为曲线

使用 CorelDRAW X6 编辑好美术文本后，通常需要把文本转换为曲线。转换后既可以对美术文本任意变形，又可以使转曲后的文本对象不会丢失其文本格式。具体操作步骤如下。

选择"选择"工具 ，选中文本，如图 6-204 所示。选择"排列 > 转换为曲线"命令，或按 Ctrl+Q 组合键，将文本转化为曲线，如图 6-205 所示。可用"形状"工具 ，对曲线文本进行编辑并修改文本的形状。

图 6-204

图 6-205

6.2.12 创建文字

应用 CorelDRAW X6 的独特功能，可以轻松地创建出计算机字库中没有的汉字，方法其实很简单，下面介绍具体的创建方法。

使用"文本"工具 输入两个具有创建文字所需偏旁的汉字，如图 6-206 所示。用"选择"工具 选取文字，效果如图 6-207 所示。按 Ctrl+Q 组合键，将文字转换为曲线，效果如图 6-208 所示。

图 6-206   图 6-207   图 6-208

再按 Ctrl+K 组合键，将转换为曲线的文字打散，选择"选择"工具 选取所需偏旁，将其移动到创建文字的位置进行编组，效果如图 6-209 所示。

组合好新文字后，用"选择"工具 圈选新文字，效果如图 6-210 所示，再按 Ctrl+G 组合键将新文字编组，效果如图 6-211 所示，新文字就制作完成了，效果如图 6-212 所示。

图 6-209   图 6-210   图 6-211   图 6-212

课堂练习——制作台历

【练习知识要点】使用矩形工具和渐变工具制作台历背景图形，使用文本工具和制表位命令添加台历文字，效果如图 6-213 所示。

【素材所在位置】Ch06/素材/制作台历/01。

【效果所在位置】Ch06/效果/制作台历.cdr。

图 6-213

课后习题——制作纪念牌

【习题知识要点】使用文本适合路径命令将文字沿着路径排列，效果如图 6-214 所示。

【素材所在位置】Ch06/素材/制作纪念牌/01、02。

【效果所在位置】Ch06/效果/制作纪念牌.cdr。

图 6-214

第**7**章 编辑位图

本章介绍

CorelDRAW X6 提供了强大的位图编辑功能。本章将介绍导入和转换位图、位图滤镜的使用等知识。通过学习本章的内容，读者可以了解并掌握如何应用 CorelDRAW X6 的强大功能来处理和编辑位图。

学习目标

- 掌握导入并转换文图的方法。
- 掌握位图滤镜的使用方法。

技能目标

- 掌握"饮食宣传单"的制作方法。

7.1　导入并转换位图

CorelDRAW X6 提供了导入位图和将矢量图形转换为位图的功能，下面介绍导入并转换为位图的具体操作方法。

7.1.1　导入位图

选择"文件 > 导入"命令，或按 Ctrl+I 组合键，弹出"导入"对话框，在对话框中的"查找范围"列表框中选择需要的文件夹，在文件夹中选中需要的位图文件，如图 7-1 所示。

选中需要的位图文件后，单击"导入"按钮，鼠标的光标变为 状，如图 7-2 所示。在绘图页面中单击鼠标左键，位图被导入绘图页面中，如图 7-3 所示。

图 7-1　　　　　　　　　　　　图 7-2　　　　　　图 7-3

7.1.2　转换为位图

CorelDRAW X6 提供了将矢量图形转换为位图的功能。下面介绍具体的操作方法。

打开一个矢量图形并保持其选取状态，选择"位图 > 转换为位图"命令，弹出"转换为位图"对话框，如图 7-4 所示。

分辨率：在弹出的下拉列表中选择要转换为位图的分辨率。

颜色模式：在弹出的下拉列表中选择要转换的色彩模式。

光滑处理：可以在转换成位图后消除位图的锯齿。

透明背景：可以在转换成位图后保留原对象的通透性。

图 7-4

7.2　使用滤镜

CorelDRAW X6 提供了多种滤镜，可以对位图进行各种效果的处理。灵活使用位图的滤镜，可以为设计的作品增色不少。下面具体介绍滤镜的使用方法。

命令介绍

透视：可以制作位图的透视效果。

模糊：可以制作位图的模糊效果。

7.2.1　课堂案例——制作饮食宣传单

【案例学习目标】学习使用转换和编辑位图命令制作饮食宣传单。

【案例知识要点】使用导入命令和动态模糊命令添加和编辑图片，使用文本工具、轮廓笔命令和阴影工具制作标题文字，使用转换为位图命令和透视命令制作文字的透视效果，如图 7-5 所示。

【效果所在位置】Ch07/效果/制作饮食宣传单.cdr。

图 7-5

（1）按 Ctrl+N 组合键，新建一个 A4 页面。单击属性栏中的"横向"按钮 □，显示为横向页面，如图 7-6 所示。

（2）按 Ctrl+I 组合键，弹出"导入"对话框，选择本书学习资源中的"Ch07 > 素材 > 制作饮食宣传单 > 01"文件，单击"导入"按钮，在页面中单击导入图片。选择"排列 > 对齐和分布 > 在页面居中"命令，将图片置于页面中心，效果如图 7-7 所示。

图 7-6　　　　　　　　　　　　　　　　　　图 7-7

（3）按 Ctrl+I 组合键，弹出"导入"对话框，选择本书学习资源中的"Ch07 > 素材 > 制作饮食宣传单 > 02"文件，单击"导入"按钮，在页面中单击导入图片，拖曳到适当的位置并调整其大小，如图 7-8 所示。

（4）选择"位图 > 模式 > 双色"命令，弹出"双色调"对话框，在曲线栏中按设计需要调整曲线，如图 7-9 所示。单击"确定"按钮，效果如图 7-10 所示。

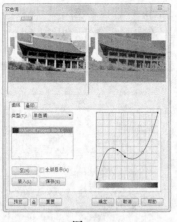

图 7-8   图 7-9   图 7-10

（5）选择"透明度"工具 ，在图形中从右上角向左下角拖曳光标，为图形添加透明度效果。在属性栏中进行设置，如图 7-11 所示，按 Enter 键，效果如图 7-12 所示。

（6）按 Ctrl+I 组合键，弹出"导入"对话框，选择本书学习资源中的"Ch07> 素材 > 制作饮食宣传单 >03"文件，单击"导入"按钮，在页面中单击导入图片，拖曳到适当的位置并调整其大小，效果如图 7-13 所示。

图 7-11   图 7-12   图 7-13

（7）按 Ctrl+I 组合键，弹出"导入"对话框，选择本书学习资源中的"Ch07> 素材 > 制作饮食宣传单 >04"文件，单击"导入"按钮，在页面中单击导入图片，拖曳到适当的位置并调整其大小，效果如图 7-14 所示。

（8）按 Ctrl+I 组合键，弹出"导入"对话框，选择本书学习资源中的"Ch07> 素材 > 制作饮食宣传单 >05"文件，单击"导入"按钮，在页面中单击导入图片，拖曳到适当的位置并调整其大小，效果如图 7-15 所示。

图 7-14   图 7-15

（9）按 Ctrl+C 组合键，复制花朵图形。选择"位图 > 模糊 > 动态模糊"命令，在弹出的对话框中进行设置，如图 7-16 所示，单击"确定"按钮，效果如图 7-17 所示。按 Ctrl+V 组合键，将复制的图形粘贴在原来的位置，效果如图 7-18 所示。

图 7-16   图 7-17   图 7-18

（10）选择"文本"工具 字，输入需要的文字。选择"选择"工具 ，在属性栏中选择合适的字体并设置文字大小。设置文字颜色的 CMYK 值为 0、60、60、40，填充文字，效果如图 7-19 所示。选择"文本 > 文本属性"命令，在弹出的面板中进行设置，如图 7-20 所示，按 Enter 键，效果如图 7-21 所示。

图 7-19   图 7-20   图 7-21

（11）按 F12 键，弹出"轮廓笔"对话框，在"颜色"选项中设置轮廓线颜色的 CMYK 值为 0、0、20、0，其他选项的设置如图 7-22 所示，单击"确定"按钮，效果如图 7-23 所示。

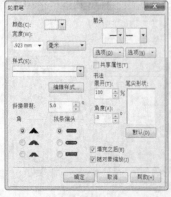

图 7-22   图 7-23

（12）选择"阴影"工具，在文字中从上向下拖曳光标，为文字添加阴影效果。在属性栏中进行设置，如图 7-24 所示。按 Enter 键，效果如图 7-25 所示。

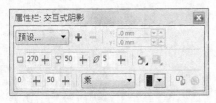

图 7-24   图 7-25

（13）选择"文本"工具，输入需要的文字。选择"选择"工具，在属性栏中选择合适的字体并设置文字大小，单击"将文本更改为垂直方向"按钮，更改文字方向，效果如图 7-26 所示。选择"文本 ＞ 文本属性"命令，在弹出的面板中进行设置，如图 7-27 所示，按 Enter 键，效果如图 7-28 所示。

图 7-26   图 7-27   图 7-28

（14）选择"矩形"工具，绘制一个矩形。设置图形颜色的 CMYK 值为 0、60、60、40，填充图形并去除图形的轮廓线，效果如图 7-29 所示。

（15）选择"文本"工具，分别输入需要的文字。选择"选择"工具，在属性栏中选择合适的字体并设置文字大小，效果如图 7-30 所示。

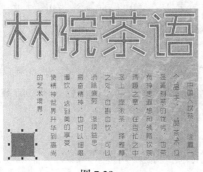

图 7-29   图 7-30

（16）选择"文本"工具，分别输入需要的文字。选择"选择"工具，在属性栏中选择合适的字体并设置文字大小，效果如图 7-31 所示。用圈选的方法将需要的文字同时选取。选择"位图 ＞ 转换为位图"命令，在弹出的对话框中进行设置，如图 7-32 所示，单击"确定"按钮，效果如图 7-33 所示。

图 7-31　　　　　　　　　　图 7-32　　　　　　　　　　图 7-33

（17）选择"位图 > 三维效果 > 透视"命令，在弹出的对话框中进行设置，如图 7-34 所示，单击"确定"按钮，效果如图 7-35 所示。饮食宣传单制作完成，效果如图 7-36 所示。

图 7-34　　　　　　　　　　图 7-35　　　　　　　　　　图 7-36

7.2.2　三维效果

选取导入的位图，选择"位图 > 三维效果"子菜单下的命令，如图 7-37 所示。CorelDRAW X6 提供了 7 种不同的三维效果，下面介绍几种常用的三维效果。

1．三维旋转

选择"位图 > 三维效果 > 三维旋转"命令，弹出"三维旋转"对话框。单击对话框中的▣按钮，显示对照预览窗口，如图 7-38 所示。左窗口显示的是位图原始效果，右窗口显示的是完成各项设置后的位图效果。

图 7-37

对话框中各选项的含义如下。

▣：用鼠标拖动立方体图标，可以设定图像的旋转角度。

垂直：可以设置绕垂直轴旋转的角度。

水平：可以设置绕水平轴旋转的角度。

最适合：经过三维旋转后的位图尺寸将接近原来的位图尺寸。

预览：预览设置后的三维旋转效果。

重置：对所有参数重新设置。

：可以在改变设置时自动更新预览效果。

2．柱面

选择"位图 > 三维效果 > 柱面"命令，弹出"柱面"对话框。单击对话框中的按钮，显示对照预览窗口，如图 7-39 所示。

对话框中各选项的含义如下。

柱面模式：可以选择"水平"或"垂直的"模式。

百分比：可以分别设置水平或垂直模式的百分比。

图 7-38

图 7-39

3．卷页

选择"位图 > 三维效果 > 卷页"命令，弹出"卷页"对话框。单击对话框中的按钮，显示对照预览窗口，如图 7-40 所示。

对话框中各选项的含义如下。

：4 个卷页类型按钮，可以设置位图卷起页角的位置。

定向：选择"垂直的"和"水平"两个单选项，可以设置卷页效果从哪一边缘卷起。

纸张："不透明"和"透明的"两个单选项可以设置卷页部分是否透明。

卷曲：可以设置卷页颜色。

背景：可以设置卷页后面的背景颜色。

宽度：可以设置卷页的宽度。

高度：可以设置卷页的高度。

4．球面

选择"位图 > 三维效果 > 球面"命令，弹出"球面"对话框。单击对话框中的按钮，显示对照预览窗口，如图 7-41 所示。

对话框中各选项的含义如下。

优化：可以选择"速度"和"质量"选项。

百分比：可以控制位图球面化的程度。

：用来在预览窗口中设定变形的中心点。

图 7-40   图 7-41

7.2.3 艺术笔触

选中位图，选择"位图 > 艺术笔触"子菜单下的命令，如图 7-42 所示。CorelDRAW X6 提供了 14 种不同的艺术笔触效果，下面介绍常用的几种艺术笔触。

1. 炭笔画

选择"位图 > 艺术笔触 > 炭笔画"命令，弹出"炭笔画"对话框。单击对话框中的按钮，显示对照预览窗口，如图 7-43 所示。

对话框中各选项的含义如下。

大小：可以设置位图炭笔画的像素大小。

边缘：可以设置位图炭笔画的黑白度。

2. 印象派

选择"位图 > 艺术笔触 > 印象派"命令，弹出"印象派"对话框。单击对话框中的按钮，显示对照预览窗口，如图 7-44 所示。

图 7-42

对话框中各选项的含义如下。

样式：选择"笔触"或"色块"选项，会得到不同的印象派位图效果。

笔触：可以设置印象派效果笔触大小及其强度。

着色：可以调整印象派效果的颜色，数值越大，颜色越重。

亮度：可以对印象派效果的亮度进行调节。

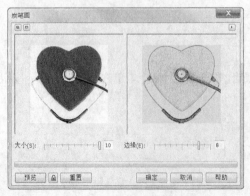

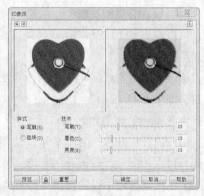

图 7-43   图 7-44

3．调色刀

选择"位图 > 艺术笔触 > 调色刀"命令，弹出"调色刀"对话框。单击对话框中的回按钮，显示对照预览窗口，如图 7-45 所示。

对话框中各选项的含义如下。

刀片尺寸：可以设置笔触的锋利程度，数值越小，笔触越锋利，位图的油画刻画效果越明显。

柔软边缘：可以设置笔触的坚硬程度，数值越大，位图的油画刻画效果越平滑。

角度：可以设置笔触的角度。

4．素描

选择"位图 > 艺术笔触 > 素描"命令，弹出"素描"对话框。单击对话框中的回按钮，显示对照预览窗口，如图 7-46 所示。

对话框中各选项的含义如下。

铅笔类型：可以分别选择"碳色"或"颜色"类型，不同的类型可以产生不同的位图素描效果。

样式：可以设置石墨或彩色素描效果的平滑度。

笔芯：可以设置素描效果的精细和粗糙程度。

轮廓：可以设置素描效果的轮廓线宽度。

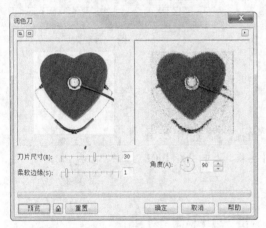

图 7-45

图 7-46

7.2.4　模糊

选中位图，选择"位图 > 模糊"子菜单下的命令，如图 7-47 所示，CorelDRAW X6 提供了 9 种不同的模糊效果。下面介绍其中两种常用的模糊效果。

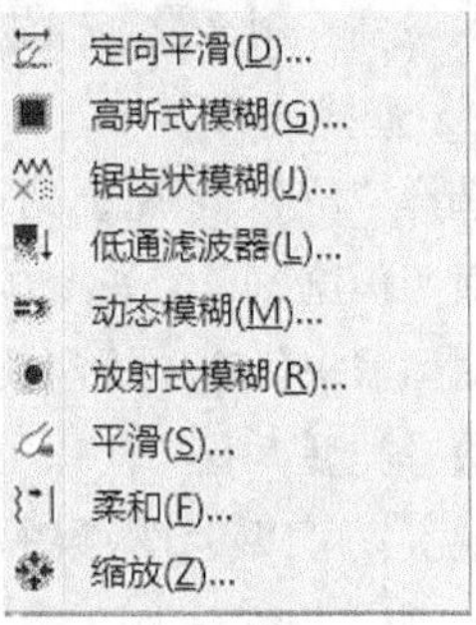

1．高斯式模糊

选择"位图 > 模糊 > 高斯式模糊"命令，弹出"高斯式模糊"对话框，单击对话框中的回按钮，显示对照预览窗口，如图 7-48 所示。

对话框中选项的含义如下。

半径：可以设置高斯模糊的程度。

Ζ 定向平滑(D)...

■ 高斯式模糊(G)...

Ⅻ 锯齿状模糊(J)...

■↓ 低通滤波器(L)...

♨ 动态模糊(M)...

● 放射式模糊(R)...

☑ 平滑(S)...

☐ 柔和(F)...

✻ 缩放(Z)...

图 7-47

2．缩放

选择"位图 > 模糊 > 缩放"命令，弹出"缩放"对话框，单击对话框中的▣按钮，显示对照预览窗口，如图 7-49 所示。

对话框中各选项的含义如下。

⊞：在左边的原始图像预览框中单击鼠标左键，可以确定移动模糊的中心位置。

数量：可以设定图像的模糊程度。

图 7-48

图 7-49

7.2.5　轮廓图

选中位图，选择"位图 > 轮廓图"子菜单下的命令，如图 7-50 所示，CorelDRAW X6 提供了 3 种不同的轮廓图效果。下面介绍其中两种常用的轮廓图效果。

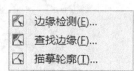

图 7-50

1．边缘检测

选择"位图 > 轮廓图 > 边缘检测"命令，弹出"边缘检测"对话框，单击对话框中的▣按钮，显示对照预览窗口，如图 7-51 所示。

对话框中各选项的含义如下。

背景色：用来设定图像的背景颜色为白色、黑色或其他颜色。

✎：可以在位图中吸取背景色。

灵敏度：用来设定探测边缘的灵敏度。

2．查找边缘

选择"位图 > 轮廓图 > 查找边缘"命令，弹出"查找边缘"对话框，单击对话框中的▣按钮，显示对照预览窗口，如图 7-52 所示。

对话框中各选项的含义如下。

边缘类型：有"软"和"纯色"两种类型，选择不同的类型会得到不同的效果。

层次：可以设定效果的纯度。

图 7-51

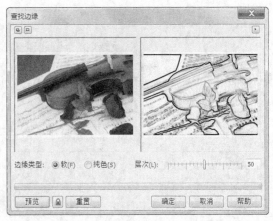

图 7-52

7.2.6 创造性

选中位图，选择"位图 > 创造性"子菜单下的命令，如图 7-53 所示，CorelDRAW X6 提供了 14 种不同的创造性效果。下面介绍几种常用的创造性效果。

1．框架

选择"位图 > 创造性 > 框架"命令，弹出"框架"对话框，单击"修改"选项卡，单击对话框中的▣按钮，显示对照预览窗口，如图 7-54 所示。

对话框中各选项的含义如下。

"选择"选项卡：用来选择框架，并为选取的列表添加新框架。

"修改"选项卡：用来对框架进行修改。此选项卡中各选项的含义如下。

颜色、不透明：用来设定框架的颜色和透明度。

模糊/羽化：用来设定框架边缘的模糊及羽化程度。

调和：用来选择框架与图像之间的混合方式。

水平、垂直：用来设定框架的大小比例。

旋转：用来设定框架的旋转角度。

翻转：用来将框架垂直或水平翻转。

对齐：用来在图像窗口中设定框架效果的中心点。

回到中心位置：用来在图像窗口中重新设定中心点。

2．马赛克

选择"位图 > 创造性 > 马赛克"命令，弹出"马赛克"对话框，单击对话框中的▣按钮，显示对照预览窗口，如图 7-55 所示。

对话框中各选项的含义如下。

大小：设置马赛克显示的大小。

背景色：设置马赛克的背景颜色。

虚光：为马赛克图像添加模糊的羽化框架。

| 图 7-53 | 图 7-54 | 图 7-55 |

3. 彩色玻璃

选择"位图 > 创造性 > 彩色玻璃"命令，弹出"彩色玻璃"对话框，单击对话框中的按钮，显示对照预览窗口，如图 7-56 所示。

对话框中各选项的含义如下。

大小：设定彩色玻璃块的大小。

光源强度：设定彩色玻璃光源的强度。强度越小，显示越暗；强度越大，显示越亮。

焊接宽度：设定玻璃块焊接处的宽度。

焊接颜色：设定玻璃块焊接处的颜色。

三维照明：显示彩色玻璃图像的三维照明效果。

4. 虚光

选择"位图 > 创造性 > 虚光"命令，弹出"虚光"对话框，单击对话框中的按钮，显示对照预览窗口，如图 7-57 所示。

对话框中各选项的含义如下。

颜色：设定光照的颜色。

形状：设定光照的形状。

偏移：设定框架的大小。

褪色：设定图像与虚光框架的混合程度。

| 图 7-56 | 图 7-57 |

7.2.7 扭曲

选中位图，选择"位图 > 扭曲"子菜单下的命令，如图 7-58 所示。CorelDRAW X6 提供了 10 种不同的扭曲效果，下面介绍几种常用的扭曲效果。

块状(B)...
置换(D)...
偏移(O)...
像素(P)...
龟纹(R)...
旋涡(I)...
平铺(T)...
湿笔画(W)...
涡流(H)...
风吹效果(N)...

图 7-58

1. 块状

选择"位图 > 扭曲 > 块状"命令，弹出"块状"对话框。单击对话框中的 按钮，显示对照预览窗口，如图 7-59 所示。

对话框中各选项的含义如下。

未定义区域：在其下拉列表中可以设定背景部分的颜色。

块宽度、块高度：设定块状图像的尺寸大小。

最大偏移：设定块状图像的打散程度。

2. 置换

选择"位图 > 扭曲 > 置换"命令，弹出"置换"对话框。单击对话框中的 按钮，显示对照预览窗口，如图 7-60 所示。

对话框中各选项的含义如下。

缩放模式：可以选择"平铺"或"伸展适合"两种模式。

：可以选择置换的图形。

图 7-59

图 7-60

3. 像素

选择"位图 > 扭曲 > 像素"命令，弹出"像素"对话框。单击对话框中的 按钮，显示对照预览窗口，如图 7-61 所示。

对话框中各选项的含义如下。

像素化模式：当选择"射线"模式时，可以在预览窗口中设定像素化的中心点。

宽度、高度：设定像素色块的大小。

不透明：设定像素色块的不透明度，数值越小，色块就越透明。

4. 龟纹

选择"位图 > 扭曲 > 龟纹"命令，弹出"龟纹"对话框。单击对话框中的 按钮，显示对照预览窗口，如图 7-62 所示。

对话框中各选项的含义如下。

周期、振幅：默认的波纹是同图像的顶端和底端平行的。拖动此滑块，可以设定波纹的周期和振幅，在右边可以看到波纹的形状。

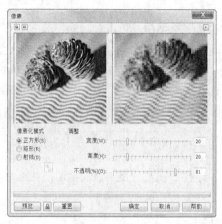

图 7-61　　　　　　　　　　　　　　　　　图 7-62

课堂练习——制作卡片

【练习知识要点】使用放射式模糊命令制作图形模糊效果，使用亮度/对比度/强度命令调整图像颜色；使用文本工具输入文字，效果如图 7-63 所示。

【素材所在位置】Ch07/素材/制作卡片/01、02。

【效果所在位置】Ch07/效果/制作卡片.cdr。

图 7-63

课后习题——制作公园门票

【习题知识要点】使用矩形和透明度工具制作门票背景图形，使用图框精确剪裁命令将图片置入矩形中，使用文本工具添加内容文字，效果如图 7-64 所示。

　　【素材所在位置】Ch07/素材/制作公园门票/01~03。

　　【效果所在位置】Ch07/效果/制作公园门票.cdr。

图 7-64

第 **8** 章　应用特殊效果

本章介绍

CorelDRAW X6 提供了多种特殊效果工具和命令，通过应用这些工具和命令，可以制作出丰富的图形特效。
通过对本章内容的学习，读者可以了解并掌握如何应用强大的特殊效果功能制作出丰富多彩的图形特效。

学习目标

- 掌握图框精确剪裁的方法。
- 掌握色调的调整技巧。
- 掌握特殊效果的制作方法。

技能目标

- 掌握"房地产海报"的制作方法。
- 掌握"商场吊旗"的制作方法。
- 掌握"演唱会宣传单"的制作方法。
- 掌握"咖啡标识"的制作方法。

8.1 图框精确剪裁和色调的调整

在 CorelDRAW X6 中，使用图框精确剪裁，可以将一个对象内置于另外一个容器对象中。内置的对象可以是任意的，但容器对象必须是创建的封闭路径。使用色调调整命令可以调整图形。下面就具体讲解如何置入图形和调整图形的色调。

命令介绍

图框精确剪裁：可以将一个图形对象内置于另一个容器对象中。

8.1.1 课堂案例——制作房地产海报

【案例学习目标】学习使用图框精确剪裁命令制作房地产海报。

【案例知识要点】使用矩形工具和图框精确剪裁命令制作背景，使用文本工具和形状工具添加标题文字，使用贝塞尔工具、多边形工具、矩形工具和文字工具制作标志，效果如图 8-1 所示。

【效果所在位置】Ch08/效果/制作房地产海报.cdr。

图 8-1

1．制作背景效果

（1）按 Ctrl+N 组合键，新建一个页面。在属性栏的"页面度量"选项中分别设置宽度为 300mm、高度为 400mm，按 Enter 键，页面尺寸显示为设置的大小。

（2）双击"矩形"工具 □，绘制一个与页面大小相等的矩形，设置图形填充颜色的 CMYK 值为 0、5、10、0，填充图形并去除图形的轮廓线，效果如图 8-2 所示。

（3）选择"文件 > 导入"命令，弹出"导入"对话框。选择本书学习资源中的"Ch08 > 素材 > 制作房地产海报 > 01"文件，单击"导入"按钮，在页面中单击导入图片，将其拖曳到适当的位置，效果如图 8-3 所示。

（4）选择"选择"工具 ▫，选取需要的图形，选择"效果 > 图框精确剪裁 > 置入图文框内部"命令，鼠标的光标变为黑色箭头形状，在矩形上单击鼠标左键，如图 8-4 所示，将图片置入矩形中，效果如图 8-5 所示。

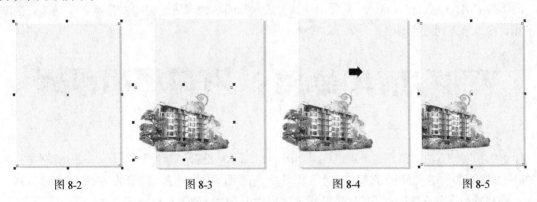

| 图 8-2 | 图 8-3 | 图 8-4 | 图 8-5 |

（5）选择"矩形"工具 □，在页面中绘制一个矩形，如图 8-6 所示。按 Ctrl+Q 组合键，将矩形转

化为曲线。选择"形状"工具 ⬚，选取需要的节点，向下拖曳节点，如图 8-7 所示。设置图形填充颜色的 CMYK 值为 0、40、60、40，填充图形并去除图形的轮廓线，效果如图 8-8 所示。

（6）选择"矩形"工具 ⬚，在页面中绘制一个矩形，设置图形填充颜色的 CMYK 值为 0、40、60、60，填充图形并去除图形的轮廓线，效果如图 8-9 所示。

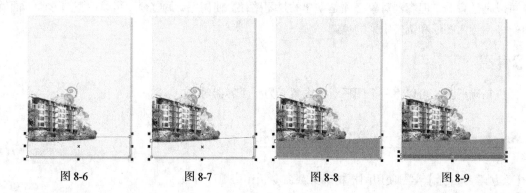

图 8-6   图 8-7   图 8-8   图 8-9

2．制作宣传语

（1）选择"文本"工具 字，在页面中输入需要的文字。选择"选择"工具 ▹，在属性栏中选择适当的字体并设置文字大小，效果如图 8-10 所示。保持文字的选取状态，再次单击文字，使其处于旋转状态，向右拖曳上侧中间的控制手柄到适当的位置，将文字倾斜，效果如图 8-11 所示。

图 8-10   图 8-11

（2）按 Ctrl+Q 组合键，将矩形转化为曲线，效果如图 8-12 所示。选择"形状"工具 ⬚，选取所需节点，拖曳节点到适当的位置，效果如图 8-13 所示。

图 8-12   图 8-13

（3）用相同的方法调整其他节点，效果如图 8-14 所示。选择"选择"工具 ▹，圈选需要的文字，按 Ctrl+G 组合键将文字群组。选择"文本"工具 字，在页面中分别输入需要的文字。选择"选择"工具 ▹，在属性栏中分别选择适当的字体并设置文字大小，效果如图 8-15 所示。

图 8-14   图 8-15

3．制作标志图形

（1）选择"矩形"工具 □，在适当的位置绘制一个矩形，设置图形填充颜色的 CMYK 值为 0、20、40、40，填充图形并去除图形的轮廓线，效果如图 8-16 所示。选择"星形"工具 ，在属性栏中的设置如图 8-17 所示，绘制一个三角形，如图 8-18 所示。

图 8-16   图 8-17   图 8-18

（2）按 F12 键，弹出"轮廓笔"对话框，在"颜色"选项中设置轮廓线颜色的 CMYK 值为 60、73、100、36，其他选项的设置如图 8-19 所示。单击"确定"按钮，效果如图 8-20 所示。

图 8-19   图 8-20

（3）选择"选择"工具 ，选取绘制的三角形，拖曳到适当的位置，单击鼠标右键，复制图形，效果如图 8-21 所示。连续按 Ctrl+D 组合键，连续复制图形，效果如图 8-22 所示。

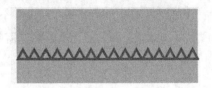

图 8-21   图 8-22

（4）选择"选择"工具 ，圈选绘制的三角形，按 Ctrl+G 组合键将三角形群组，将群组的图形拖曳至需要的位置，单击鼠标右键，复制图形，效果如图 8-23 所示。用上述方法绘制其他图形，并填充适当的轮廓线颜色，效果如图 8-24 所示。

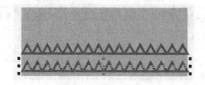

图 8-23   图 8-24

（5）选择"选择"工具 ，选取所需的图形，如图 8-25 所示。选择"效果 > 图框精确剪裁 > 置入图文框内部"命令，鼠标的光标变为黑色箭头形状，在矩形上单击鼠标左键，如图 8-26 所示，将图片置入矩形中，效果如图 8-27 所示。

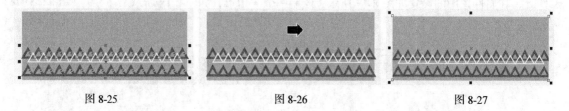

图 8-25   图 8-26   图 8-27

（6）选择"文本"工具 ，在页面中输入需要的文字。选择"选择"工具 ，在属性栏中选择适当的字体并设置文字大小，设置文字填充颜色的 CMYK 值为 0、0、20、0，填充文字，效果如图 8-28 所示。用相同的方法添加其他文字，效果如图 8-29 所示。

图 8-28   图 8-29

（7）选择"文本"工具 ，在页面中输入需要的文字。选择"选择"工具 ，在属性栏中选择适当的字体并设置文字大小，效果如图 8-30 所示。用相同的方法添加其他文字，效果如图 8-31 所示。

图 8-30   图 8-31

（8）选择"矩形"工具 ，在页面中绘制一个矩形，填充图形为黑色，并去除图形的轮廓线，效果如图 8-32 所示。选择"选择"工具 ，圈选需要的图形和文字，按 Ctrl+G 组合键将图形和文字群组，效果如图 8-33 所示。

图 8-32   图 8-33

4. 添加其他介绍文字

（1）选择"贝塞尔"工具 ，绘制一个不规则图形，设置图形填充颜色的 CMYK 值为 0、100、100、20，填充图形并去除图形的轮廓线，效果如图 8-34 所示。再次绘制一个不规则图形，如图 8-35 所示。

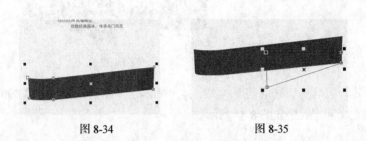

图 8-34　　　　　　　　　　　　图 8-35

（2）按 F11 键，弹出"渐变填充"对话框，点选"双色"单选项，将"从"选项颜色的 CMYK 值设为 0、100、100、80，"到"选项颜色的 CMYK 值设为 0、100、100、50，其他选项的设置如图 8-36 所示，单击"确定"按钮，填充图形并去除图形的轮廓线，效果如图 8-37 所示。选择"排列 > 顺序 > 向后一层"命令，调整图形顺序，效果如图 8-38 所示。

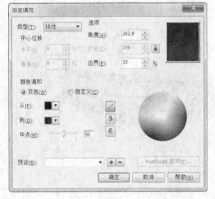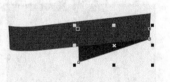

图 8-36　　　　　　　图 8-37　　　　　　　图 8-38

（3）选择"文本"工具 字，在页面中分别输入需要的文字。选择"选择"工具 ，在属性栏中分别选择适当的字体并设置文字大小，填充文字为白色，效果如图 8-39 所示。将文字同时选取，再次单击文字，使其处于旋转状态，向右拖曳上方中间的控制手柄到适当的位置，倾斜文字，效果如图 8-40 所示。

图 8-39　　　　　　　　　　　　图 8-40

（4）选择"选择"工具 ，选取上方的文字。选择"文本 > 文本属性"命令，弹出"文本属性"面板，设置如图 8-41 所示，按 Enter 键，效果如图 8-42 所示。

图 8-41　　　　　　　　　图 8-42

（5）选择"文本"工具 字，选取需要的文字，如图 8-43 所示。设置文字填充颜色的 CMYK 值为 0、0、100、0，填充文字，效果如图 8-44 所示。

图 8-43　　　　　　　　　图 8-44

（6）选择"选择"工具 ，选取所需文字，效果如图 8-45 所示。在属性栏中将旋转角度 .0 选项设为 5.4，旋转文字，效果如图 8-46 所示。

图 8-45　　　　　　　　　图 8-46

（7）按 Ctrl+I 组合键，弹出"导入"对话框，选择本书学习资源中的"Ch08＞素材＞制作房地产海报＞02"文件，单击"导入"按钮，在页面中单击导入图片，将其拖曳到适当的位置并调整其大小，如图 8-47 所示。

（8）选择"选择"工具 ，选取导入的图片，拖曳到适当的位置并单击鼠标右键，复制图片，效果如图 8-48 所示。在属性栏中将"旋转角度" .0 选项设为 7.8，旋转图形，效果如图 8-49 所示。

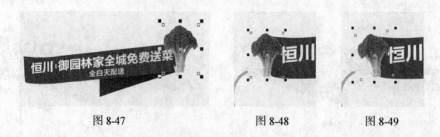

图 8-47　　　　　　　　图 8-48　　　　图 8-49

（9）选择"贝塞尔"工具 ，绘制一个不规则图形，设置图形填充颜色的 CMYK 值为 0、100、100、20，填充图形并去除图形的轮廓线，效果如图 8-50 所示。用上述方法分别绘制其他图形，并分别填充适当的颜色，效果如图 8-51 所示。

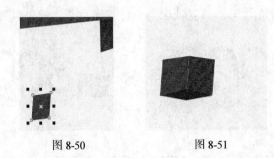

图 8-50   图 8-51

（10）选择"选择"工具 ，选取需要的图形，如图 8-52 所示。连续按两次 Ctrl+PageDown 组合键，调整图层顺序，效果如图 8-53 所示。选择"选择"工具 ，圈选需要的图形，按 Ctrl+G 组合键将图形群组，效果如图 8-54 所示。

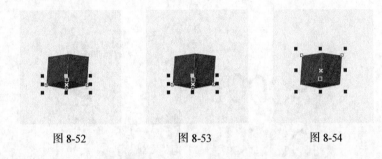

图 8-52   图 8-53   图 8-54

（11）选择"文本"工具 字，在页面中输入需要的文字。选择"选择"工具 ，在属性栏中选择适当的字体并设置文字大小，填充文字为白色，效果如图 8-55 所示。

（12）选择"文本"工具 字，在页面中输入需要的文字。选择"选择"工具 ，在属性栏中选择适当的字体并设置文字大小，设置文字填充颜色的 CMYK 值为 0、100、100、20，填充文字，效果如图 8-56 所示。

图 8-55   图 8-56

（13）选择"选择"工具 ，再次选取文字，使文字处于旋转状态，向右拖曳上侧中间的控制手柄到适当的位置，将文字倾斜，效果如图 8-57 所示。用相同的方法添加其他文字，效果如图 8-58 所示。

图 8-57   图 8-58

（14）选择"选择"工具 ，选取文字和图形，按 Ctrl+G 组合键将图形和文字群组，效果如图 8-59 所示。在属性栏中将"旋转角度" 选项设为 4.4，旋转图形，效果如图 8-60 所示。

图 8-59   图 8-60

（15）用上述方法添加其他文字，效果如图 8-61 所示。选择"文本"工具 ，在页面中输入需要的文字。选择"选择"工具 ，在属性栏中选择适当的字体并设置文字大小，设置文字填充颜色的 CMYK 值为 0、0、20、0，填充文字。将输入的两行文字选取，选择"排列 > 对齐和分布 > 右对齐"命令，对齐文字，效果如图 8-62 所示。房地产海报制作完成。

图 8-61   图 8-62

8.1.2 图框精确剪裁效果

在 CorelDRAW X6 中，使用图框精确剪裁，可以将一个对象内置于另外一个容器对象中。内置的对象可以是任意的，但容器对象必须是创建的封闭路径。

打开一个图片，再绘制一个图形作为容器对象，使用"选择"工具 选中要用来内置的图形，如图 8-63 所示。

选择"效果 > 图框精确剪裁 > 置于图文框内部"命令，鼠标的光标变为黑色箭头，将箭头放在容器对象内并单击鼠标左键，如图 8-64 所示。完成的图框精确剪裁对象效果如图 8-65 所示。内置图形的中心和容器对象的中心是重合的。

图 8-63   图 8-64   图 8-65

选择"效果 > 图框精确剪裁 > 提取内容"命令，可以将容器对象内的内置位图提取出来。选择"效果 > 图框精确剪裁 > 编辑 PowerClip"命令，可以修改内置对象。选择"效果 > 图框精确剪裁 > 结束编辑"命令，完成内置位图的重新选择。选择"效果 > 复制效果 > 图框精确剪裁自"命令，鼠标的光标变为黑色箭头，将箭头放在图框精确剪裁对象上并单击鼠标左键，可复制内置对象。

8.1.3　调整亮度、对比度和强度

打开一个图形，如图 8-66 所示。选择"效果 > 调整 > 亮度/对比度/强度"命令，或按 Ctrl+B 组合键，弹出"亮度/对比度/强度"对话框，用光标拖曳滑块可以设置各项的数值，如图 8-67 所示，调整好后，单击"确定"按钮，图形色调的调整效果如图 8-68 所示。

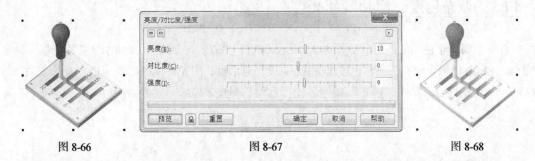

图 8-66　　　　　　　　　　图 8-67　　　　　　　　　　图 8-68

"亮度"选项：可以调整图形颜色的深浅变化，也就是增加或减少所有像素值的色调范围。

"对比度"选项：可以调整图形颜色的对比，也就是调整最浅和最深像素值之间的差。

"强度"选项：可以调整图形浅色区域的亮度，同时不降低深色区域的亮度。

"预览"按钮：可以预览色调的调整效果。

"重置"按钮：可以重新调整色调。

8.1.4　调整颜色通道

打开一个图形，效果如图 8-69 所示。选择"效果 > 调整 > 颜色平衡"命令，或按 Ctrl+Shift+B 组合键，弹出"颜色平衡"对话框，用光标拖曳滑块可以设置各选项的数值，如图 8-70 所示。调整好后，单击"确定"按钮，图形色调的调整效果如图 8-71 所示。

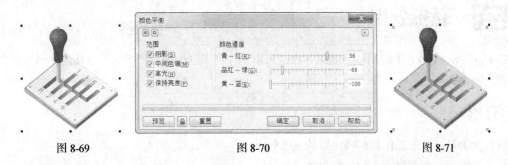

图 8-69　　　　　　　　　　图 8-70　　　　　　　　　　图 8-71

在对话框的"范围"设置区中有 4 个复选框，可以共同或分别设置对象的颜色调整范围。

"阴影"复选框：可以对图形阴影区域的颜色进行调整。

"中间色调"复选框：可以对图形中间色调的颜色进行调整。

"高光"复选框：可以对图形高光区域的颜色进行调整。

"保持亮度"复选框：可以在对图形进行颜色调整的同时保持图形的亮度。

"青 – 红"选项：可以在图形中添加青色和红色。向右移动滑块将添加红色，向左移动滑块将添加青色。

"品红 – 绿"选项：可以在图形中添加品红色和绿色。向右移动滑块将添加绿色，向左移动滑块将添加品红色。

"黄 – 蓝"选项：可以在图形中添加黄色和蓝色。向右移动滑块将添加蓝色，向左移动滑块将添加黄色。

8.1.5 调整色度、饱和度和亮度

打开一个要调整色调的图形，如图 8-72 所示。选择"效果 > 调整 > 色度/饱和度/光度"命令，或按 Ctrl+Shift+U 组合键，弹出"色度/饱和度/亮度"对话框，用光标拖曳滑块可以设置其数值，如图 8-73 所示。调整好后，单击"确定"按钮，图形色调的调整效果如图 8-74 所示。

图 8-72

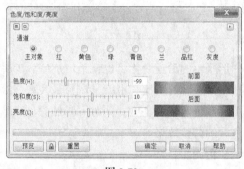
图 8-73

图 8-74

"通道"选项组：可以选择要调整的主要颜色。

"色度"选项：可以改变图形的颜色。

"饱和度"选项：可以改变图形颜色的深浅程度。

"亮度"选项：可以改变图形的明暗程度。

8.2 特殊效果

在 CorelDRAW X6 中应用特殊效果和命令可以制作出丰富的图形特效。下面具体介绍几种常用的特殊效果和命令。

命令介绍

立体化工具：可以制作和编辑图形的三维效果。

添加透视：可以制作图形的透视效果。

8.2.1 课堂案例——制作商场吊旗

【案例学习目标】学习使用交互式立体化工具制作商场吊旗。

【案例知识要点】使用矩形工具、贝塞尔工具和图框精确剪裁命令绘制背景，使用交互式立体化效果制作文字立体效果，使用文字工具添加宣传文字，效果如图 8-75 所示。

【效果所在位置】Ch08/效果/制作商场吊旗.cdr。

图 8-75

（1）按 Ctrl+N 组合键，新建一个页面。在属性栏的"页面度量"选项中分别设置宽度为 210mm、高度为 285mm，按 Enter 键，页面尺寸显示为设置的大小。

（2）选择"矩形"工具 □，绘制一个矩形，在属性栏中的设置如图 8-76 所示，按 Enter 键确认操作，效果如图 8-77 所示。设置图形填充颜色的 CMYK 值为 100、0、0、10，填充图形并去除图形的轮廓线，效果如图 8-78 所示。

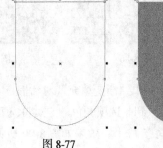

图 8-76　　　　　　　　　　图 8-77　　　　　　图 8-78

（3）按 Ctrl+I 组合键，弹出"导入"对话框，选择本书学习资源中的"Ch08 > 素材 > 制作商场吊旗 > 01"文件，单击"导入"按钮，在页面中单击导入图片，将其拖曳到适当的位置并调整其大小，如图 8-79 所示。

（4）选择"贝塞尔"工具 ✎，绘制一个不规则图形，设置图形填充颜色的 CMYK 值为 0、0、100、0，填充图形并去除图形的轮廓线，效果如图 8-80 所示。

（5）选择"选择"工具 ▷，选取所需的图形，如图 8-81 所示。选择"效果 > 图框精确剪裁 > 置入图文框内部"命令，鼠标的光标变为黑色箭头形状，在图形上单击鼠标左键，如图 8-82 所示，将图形置入图形中，效果如图 8-83 所示。

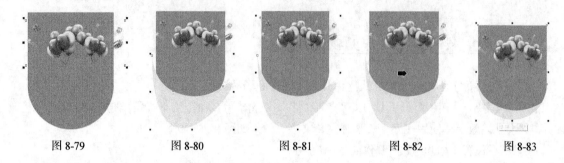

| 图 8-79 | 图 8-80 | 图 8-81 | 图 8-82 | 图 8-83 |

（6）选择"文本"工具 字，在页面中输入需要的文字。选择"选择"工具 ，在属性栏中选择适当的字体并设置文字大小，效果如图 8-84 所示。用相同的方法添加其他文字，效果如图 8-85 所示。

| 图 8-84 | 图 8-85 |

（7）选择"贝塞尔"工具 ，绘制一个不规则图形，填充图形为黑色，并去除图形的轮廓线，效果如图 8-86 所示。

（8）选择"选择"工具 ，选取绘制的图形和文字，如图 8-87 所示。单击属性栏中的"合并"按钮 ，将文字合并为图形，效果如图 8-88 所示。

| 图 8-86 | 图 8-87 | 图 8-88 |

（9）按 F11 键，弹出"渐变填充"对话框，点选"双色"单选项，将"从"选项颜色的 CMYK 值设为 0、0、60、0，"到"选项颜色的 CMYK 值设为 0、0、0、0，其他选项的设置如图 8-89 所示，单击"确定"按钮，填充图形，效果如图 8-90 所示。

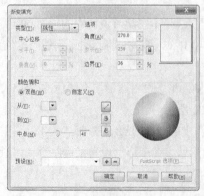

| 图 8-89 | 图 8-90 |

（10）选择"立体化"工具 ，鼠标的光标变为 ，在图形上从中心至下方拖曳鼠标，为文字添加立体化效果。在属性栏中单击"立体化颜色"按钮 ，在弹出的面板中单击"使用递减的颜色"按钮 ，将"从"选项颜色的 CMYK 值设为 100、0、0、0，"到"选项颜色的 CMYK 值设为 0、0、0、100，其他选项的设置如图 8-91 所示，按 Enter 键确认操作，效果如图 8-92 所示。

图 8-91   图 8-92

（11）选择"贝塞尔"工具 ，绘制一个不规则图形，设置图形填充颜色的 CMYK 值为 0、0、100、0，填充图形并去除图形的轮廓线，效果如图 8-93 所示。

（12）选择"选择"工具 ，选取所需的图形，选择"效果 > 图框精确剪裁 > 置入图文框内部"命令，鼠标的光标变为黑色箭头形状，在文字上单击鼠标左键，如图 8-94 所示，将图片置入文字中，效果如图 8-95 所示。

图 8-93   图 8-94   图 8-95

（13）选择"文本"工具 ，在页面中输入需要的文字。选择"选择"工具 ，在属性栏中选择适当的字体并设置文字大小，填充文字颜色的 CMYK 值设为 0、0、100、0，效果如图 8-96 所示。用相同的方法添加其他文字并填充适当颜色，效果如图 8-97 所示。商场吊旗制作完成。

图 8-96   图 8-97

8.2.2　制作透视效果

在设计和制作图形的过程中，经常会使用到透视效果。下面介绍如何在 CorelDRAW X6 中制作透视效果。

打开要制作透视效果的图形，使用"选择"工具 ，将图形选中，效果如图8-98所示。选择"效果 >
添加透视"命令，在图形的周围出现控制线和控制点，如图8-99所示。用光标拖曳控制点，制作需要
的透视效果，在拖曳控制点时出现了透视点×，如图8-100所示。用光标可以拖曳透视点×，同时可以
改变透视效果，如图8-101所示。制作好透视效果后，按空格键，确定完成的效果。

| 图 8-98 | 图 8-99 | 图 8-100 | 图 8-101 |

要修改已经制作好的透视效果，需双击图形，再对已有的透视效果进行调整。选择"效果 > 清
除透视点"命令，可以清除透视效果。

8.2.3 制作立体效果

立体效果是利用三维空间的立体旋转和光源照射的功能来完成的。CorelDRAW X6 中的"立体化"
工具 可以制作和编辑图形的三维效果。

绘制一个要立体化的图形，如图8-102所示。选择"立体化"工具 ，在图形上按住鼠标左键并
向右上方拖曳鼠标，如图8-103所示。达到需要的立体效果后，松开鼠标左键，图形的立体化效果如
图8-104所示。

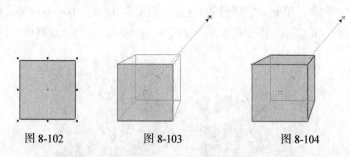

| 图 8-102 | 图 8-103 | 图 8-104 |

"立体化"工具 的属性栏如图8-105所示。各选项的含义如下。

图 8-105

"立体化类型" ：单击弹出下拉列表，分别选择可以出现不同的立体化效果。

"深度" ：可以设置图形立体化的深度。

"灭点属性" 灭点锁定到对象 ：可以设置灭点的属性。

"页面或对象灭点"按钮 ：可以将灭点锁定到页面，在移动图形时灭点不能移动，立体化的图

形形状会改变。

"立体的方向"按钮 ：单击此按钮，弹出旋转设置框。光标放在三维旋转设置区内会变为手形，拖曳鼠标可以在三维旋转设置区中旋转图形，页面中的立体化图形会相应旋转。单击 按钮，设置区中出现"旋转值"数值框，可以精确地设置立体化图形的旋转数值。单击 按钮，恢复到设置区的默认设置。

"立体化颜色"按钮 ：单击此按钮，弹出立体化图形的"颜色"设置区。在颜色设置区中有 3 种颜色设置模式，分别是"使用对象填充"模式 、"使用纯色"模式 和"使用递减的颜色"模式 。

"立体化倾斜"按钮 ：单击此按钮，弹出"斜角修饰"设置区。通过拖动面板中图例的节点来添加斜角效果，也可以在增量框中输入数值来设定斜角。勾选"只显示斜角修饰边"复选框，将只显示立体化图形的斜角修饰边。

"立体化照明"按钮 ：单击此按钮，弹出照明设置区，在设置区中可以为立体化图形添加光源。

8.2.4 使用调和效果

调和工具是 CorelDRAW X6 中应用最广泛的工具之一。利用它制作出的调和效果可以在绘图对象间产生形状、颜色的平滑变化。下面具体讲解调和效果的使用方法。

绘制两个要制作调和效果的图形，如图 8-106 所示。选择"调和"工具 ，将鼠标的光标放在左侧的图形上，鼠标的光标变为 ，按住鼠标左键并拖曳到右侧的图形上，如图 8-107 所示。松开鼠标，两个图形间的调和效果如图 8-108 所示。

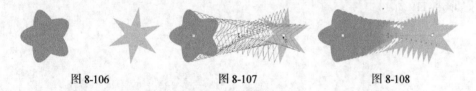

图 8-106   图 8-107   图 8-108

"调和"工具 的属性栏如图 8-109 所示。各选项的含义如下。

"调和步长"选项 ：可以设置调和的步数，效果如图 8-110 所示。

"调和方向" ：可以设置调和的旋转角度，效果如图 8-111 所示。

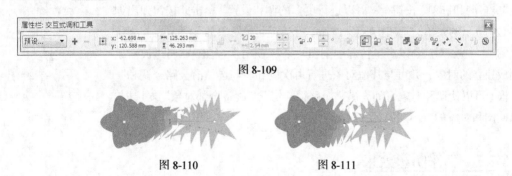

图 8-109

图 8-110   图 8-111

"环绕调和"按钮 ：调和的图形除了自身旋转外，同时将以起点图形和终点图形的中间位置为旋转中心做旋转分布，如图 8-112 所示。

"直接调和"按钮 、"顺时针调和"按钮 、"逆时针调和"按钮 ：设定调和对象之间颜色过渡的方向，效果如图 8-113 所示。

顺时针调和   逆时针调和

图 8-112   图 8-113

"对象和颜色加速"按钮 ：调整对象和颜色的加速属性。单击此按钮，弹出如图 8-114 示的面板，拖动滑块到需要的位置，对象加速调和效果如图 8-115 所示，颜色加速调和效果如图 8-116 所示。

图 8-114   图 8-115   图 8-116

"调整加速大小"按钮 ：可以控制调和的加速属性。

"起始和结束属性"按钮 ：可以显示或重新设定调和的起始及终止对象。

"路径属性"按钮 ：使调和对象沿绘制好的路径分布。单击此按钮弹出如图 8-117 所示的菜单，选择"新路径"选项，鼠标的光标变为 ，在新绘制的路径上单击，如图 8-118 所示。沿路径进行调和的效果如图 8-119 所示。

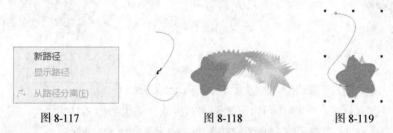

图 8-117   图 8-118   图 8-119

"更多调和选项"按钮 ：可以进行更多的调和设置。单击此按钮弹出如图 8-120 所示的菜单。"映射节点"按钮，可指定起始对象的某一节点与终止对象的某一节点对应，以产生特殊的调和效果。"拆分"按钮，可将过渡对象分割成独立的对象，并可与其他对象进行再次调和。勾选"沿全路径调和"复选框，可以使调和对象自动充满整个路径。勾选"旋转全部对象"复选框，可以使调和对象的方向与路径一致。

图 8-120

8.2.5 制作阴影效果

阴影效果是经常使用的一种特效，使用"阴影"工具 可以快速给图形制作阴影效果，还可以设置阴影的透明度、角度、位置、颜色和羽化程度。下面介绍如何制作阴影效果。

打开一个图形，使用"选择"工具 选取，如图 8-121 所示。再选择"阴影"工具 ，将鼠标光标放在图形上，按住鼠标左键并向阴影投射的方向拖曳鼠标，如图 8-122 所示。到需要的位置后松开鼠标，阴影效果如图 8-123 所示。

拖曳阴影控制线上的 ⁄ 图标，可以调节阴影的透光程度。拖曳时越靠近□图标，透光度越小，阴影越淡，效果如图 8-124 所示。拖曳时越靠近▨图标，透光度越大，阴影越浓，效果如图 8-125 所示。

| 图 8-121 | 图 8-122 | 图 8-123 | 图 8-124 | 图 8-125 |

"阴影"工具 ▣ 的属性栏如图 8-126 所示。各选项的含义如下。

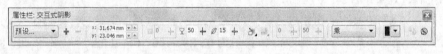

图 8-126

"预设列表" 预设... ▾ ：选择需要的预设阴影效果。单击预设框后面的 + 或 - 按钮，可以添加或删除预设框中的阴影效果。

"阴影偏移" x 16.87 mm / y -3.276 mm 、"阴影角度" □ 0 + ：可以设置阴影的偏移位置和角度。

"阴影的不透明" ♀ 70 + ：可以设置阴影的透明度。

"阴影羽化" ⌀ 15 + ：可以设置阴影的羽化程度。

"羽化方向" ▣ ：可以设置阴影的羽化方向。单击此按钮可弹出"羽化方向"设置区，如图 8-127 所示。

"羽化边缘" ▣ ：可以设置阴影的羽化边缘模式。单击此按钮可弹出"羽化边缘"设置区，如图 8-128 所示。

| 图 8-127 | 图 8-128 |

"阴影淡出""阴影延展" 0 + 50 + ：可以设置阴影的淡化和延展。

"透明度操作" 乘 ▾ ：选择阴影颜色和下层对象颜色的调和方式。

"阴影颜色" ■▾ ：可以改变阴影的颜色。

命令介绍

透明度工具：可以制作出均匀、渐变、图案和底纹等许多透明效果。

轮廓工具：可以制作出由图形中间向内部或外部放射的层次效果，由多个同心线圈组成。

8.2.6　课堂案例——制作演唱会宣传单

【案例学习目标】学习使用立体化工具和表格工具制作演唱会宣传单。

【案例知识要点】使用立体化工具制作标题文字的立体效果，使用轮廓图工具和封套工具制作宣传文字效果，使用表格工具绘制表格图形，使用多边形工具和复制命令绘制星形图形，效果如图 8-129 所示。

【效果所在位置】Ch08/效果/制作演唱会宣传单.cdr。

图 8-129

1．制作标题文字效果

（1）按 Ctrl+N 组合键，新建一个 A4 页面。按 Ctrl+I 组合键，弹出"导入"对话框，选择本书学习资源中的"Ch08 > 素材 > 制作演唱会宣传单 > 01"文件，单击"导入"按钮，在页面中单击导入图片。选择"排列 > 对齐和分布 > 在页面居中"命令，将图片置于页面中心，效果如图 8-130 所示。

（2）选择"文本"工具 字，分别输入需要的文字，选择"选择"工具 ，在属性栏中选取适当的字体并设置文字大小。设置文字颜色的 CMYK 值为 0、20、100、0，填充文字，效果如图 8-131 所示。

图 8-130　　　　　　　　　图 8-131

（3）选择"选择"工具 ，选取文字"歌"。选择"立体化"工具 ，在文字上由中心向右拖曳光标，如图 8-132 所示，在属性栏中单击"立体化颜色"按钮 ，在弹出的面板中单击"使用递减的颜色"按钮 ，将"从"选项颜色的 CMYK 值设为 0、100、100、0，"到"选项的颜色设为黑色，如图 8-133 所示，文字效果如图 8-134 所示。

图 8-132　　　　　　图 8-133　　　　　　图 8-134

（4）选择"选择"工具 ，选取需要的文字，选择"立体化"工具 ，在文字上由中心向左侧拖曳光标，如图 8-135 所示，在属性栏中单击"立体化颜色"按钮 🔳，在弹出的面板中单击"使用递减的颜色"按钮 🔳，将"从"选项颜色的 CMYK 值设为 0、100、100、0，"到"选项的颜色设为黑色，如图 8-136 所示，文字效果如图 8-137 所示。

图 8-135　　　　　　　图 8-136　　　　　　　图 8-137

（5）选择"文本"工具 ，输入需要的文字，选择"选择"工具 ，在属性栏中选取适当的字体并设置文字大小。设置文字颜色的 CMYK 值为 0、0、20、0，填充文字，效果如图 8-138 所示。选择"文本 > 文本属性"命令，在弹出的面板中进行设置，如图 8-139 所示，按 Enter 键，效果如图 8-140 所示。

图 8-138　　　　　　　图 8-139　　　　　　　图 8-140

（6）选择"轮廓图"工具 ，向左侧拖曳光标，为图形添加轮廓化效果。在属性栏中将"轮廓色"选项颜色的 CMYK 值设为 0、20、20、0，"填充色"选项颜色的 CMYK 值设为 0、40、80、0，其他选项的设置如图 8-141 所示，按 Enter 键，效果如图 8-142 所示。

图 8-141　　　　　　　图 8-142

（7）选择"文本"工具 ，输入需要的文字，选择"选择"工具 ，在属性栏中选取适当的字体并设置文字大小。设置文字颜色的 CMYK 值为 0、0、20、0，填充文字，效果如图 8-143 所示。选择"文本 > 文本属性"命令，在弹出的面板中进行设置，如图 8-144 所示，按 Enter 键，效果如图 8-145 所示。用相同的方法制作文字效果，如图 8-146 所示。

图 8-143

图 8-144

图 8-145

图 8-146

（8）选择"文本"工具 字，输入需要的文字，选择"选择"工具 ，在属性栏中选取适当的字体并设置文字大小。设置文字颜色的 CMYK 值为 0、0、0、10，填充文字，效果如图 8-147 所示。

（9）选择"封套"工具 ，文字处于编辑状态，如图 8-148 所示。分别拖曳控制节点到适当的位置，效果如图 8-149 所示。

图 8-147

图 8-148

图 8-149

2．制作演唱会票价表

（1）选择"表格"工具 ，在属性栏中进行设置，如图 8-150 所示，在页面中拖曳光标绘制表格，如图 8-151 所示。

（2）将光标放置在表格的左上角，当光标变为 图标时，单击鼠标，选取整个表格，如图 8-152 所示。在属性栏中单击"页边距"按钮，在弹出的面板中将"单元格边距宽度"设为 0，如图 8-153 所示，按 Enter 键，完成操作。

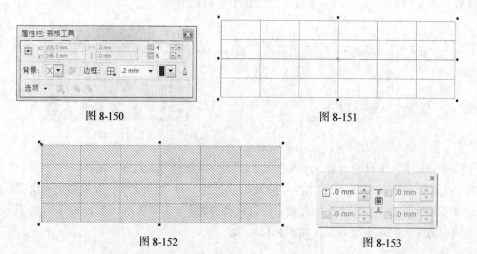

图 8-150

图 8-151

图 8-152

图 8-153

（3）将光标置于第 1 行第 2 列，单击插入光标，按住鼠标左键向右拖曳光标，光标变为 ✛ 图标，选取需要的单元格，如图 8-154 所示。单击属性栏中的"水平拆分单元格"按钮 ▭，在弹出的"拆分单元格"对话框中进行设置，如图 8-155 所示，单击"确定"按钮，效果如图 8-156 所示。

图 8-154　　　　　　　　　　　图 8-155　　　　　　　　　　　图 8-156

（4）将光标放置在表格的左上角，当光标变为 ⬐ 图标时，单击鼠标，选取整个表格，如图 8-157 所示。选择"表格 > 分布 > 行均分"命令，表格的效果如图 8-158 所示。

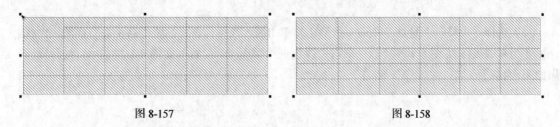

图 8-157　　　　　　　　　　　　　　　图 8-158

（5）选择"文本"工具 字，在属性栏中设置适当的字体和文字大小，选择"文本 > 文本属性"命令，弹出"文本属性"面板，设置如图 8-159 所示。将文字工具置于表格第一行第一列，出现蓝色线时，如图 8-160 所示，单击插入光标，如图 8-161 所示，输入需要的文字，如图 8-162 所示。

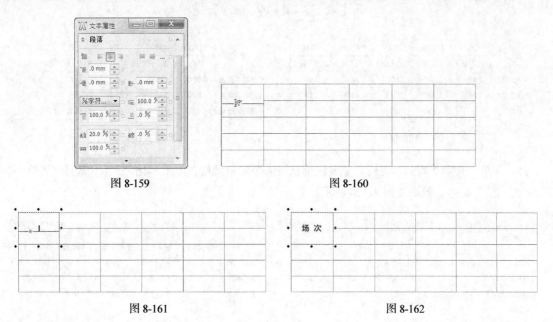

图 8-159　　　　　　　　　　　　　图 8-160

图 8-161　　　　　　　　　　　　　图 8-162

（6）将光标置于第 1 行第 2 列单击，插入光标，如图 8-163 所示，输入需要的文字，如图 8-164 所示，用相同的方法在其他单元格单击，输入需要的文字，如图 8-165 所示。

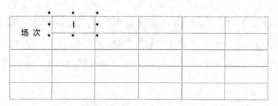

图 8-163

场次	VIP票			

图 8-164

场次	VIP票	特等票	甲等	乙等	丙等
	单位（元）	单位（元）	单位（元）	单位（元）	单位（元）
开幕式晚会	2800	1200	800	400	100
超级演唱会	2800	1200	800	400	100
闭幕式颁奖		1200	800	400	

图 8-165

（7）选择"表格"工具 ，在第 1 行第 1 列单击插入光标，将光标置于第 1 列右侧的边框线上，光标变为 ↔ 图标，如图 8-166 所示，向右拖曳边框线到适当的位置，如图 8-167 所示，松开鼠标，效果如图 8-168 所示。

场次	VIP票	特等票	甲等	乙等	丙等
	单位（元）	单位（元）	单位（元）	单位（元）	单位（元）
开幕式晚会	2800	1200	800	400	100
超级演唱会	2800	1200	800	400	100
闭幕式颁奖		1200	800	400	

图 8-166

场次	VIP票	特等票	甲等	乙等	丙等
	单位（元）	单位（元）	单位（元）	单位（元）	单位（元）
开幕式晚会	2800	1200	800	400	100
超级演唱会	2800	1200	800	400	100
闭幕式颁奖		1200	800	400	

图 8-167

场次	VIP票	特等票	甲等	乙等	丙等
	单位	单位（元）	单位（元）	单位（元）	单位（元）
开幕式晚会	2800	1200	800	400	100
超级演唱会	2800	1200	800	400	100
闭幕式颁奖		1200	800	400	

图 8-168

（8）在第 1 行第 2 列插入光标，拖曳鼠标选取需要的单元格，如图 8-169 所示。选择"表格 > 分布 > 列均分"命令，效果如图 8-170 所示。

场次	VIP票	特等票	甲等	乙等	丙等
	单位	单位（元）	单位（元）	单位（元）	单位（元）
开幕式晚会	2800	1200	800	400	100
超级演唱会	2800	1200	800	400	100
闭幕式颁奖		1200	800	400	

图 8-169

场次	VIP票	特等票	甲等	乙等	丙等
	单位（元）	单位（元）	单位（元）	单位（元）	单位（元）
开幕式晚会	2800	1200	800	400	100
超级演唱会	2800	1200	800	400	100
闭幕式颁奖		1200	800	400	

图 8-170

（9）在第 1 行第 2 列单击插入光标，拖曳鼠标选取需要的单元格，如图 8-171 所示，设置填充色的 CMYK 值为 0、100、100、0，填充单元格，如图 8-172 所示。

场　次	VIP票 单位（元）	特等票 单位（元）	甲等 单位（元）	乙等 单位（元）	丙等 单位（元）
开幕式晚会	2800	1200	800	400	100
超级演唱会	2800	1200	800	400	100
闭幕式颁奖		1200	800	400	

图 8-171

开幕式晚会	2800	1200 ×	800	400	100
超级演唱会	2800	1200	800	400	100
闭幕式颁奖		1200	800	400	

图 8-172

（10）在第 2 行第 1 列单击插入光标，拖曳鼠标选取需要的单元格，如图 8-173 所示，设置填充色的 CMYK 值为 0、60、100、0，填充单元格，如图 8-174 所示。

开幕式晚会	2800	1200	800	400	100
超级演唱会	2800	1200	800	400	100
闭幕式颁奖		1200	800	400	

图 8-173

开幕式晚会	2800	1200	800	400	100
超级演唱会	2800	1200	800	400	100
闭幕式颁奖		1200	800	400	

图 8-174

（11）用相同的方法选取第 3 行和第 4 行，分别设置填充色的 CMYK 值为 0、20、100、0 和 0、0、60、0，填充单元格，效果如图 8-175 所示。

开幕式晚会	2800	1200 ×	800	400	100
超级演唱会	2800	1200	800	400	100
闭幕式颁奖		1200	800	400	

图 8-175

（12）选择"选择"工具 ，选取表格并将其拖曳到适当的位置，效果如图 8-176 所示。选择"文本"工具 ，输入需要的文字，选择"选择"工具 ，在属性栏中选取适当的字体并设置文字大小，填充文字为白色，效果如图 8-177 所示。

图 8-176

主/办单位：北京市东西音乐艺术制作有限责任公司
售票热线：64068585 售票网址：www. .com

开幕式晚会	2800	1200	800	400	100
超级演唱会	2800	1200	800	400	100
闭幕式颁奖		1200	800	400	

图 8-177

（13）选择"星形"工具 ，属性栏中的设置如图 8-178 所示，在页面中拖曳鼠标绘制星形，设置图形颜色的 CMYK 值为 0、100、100、0，填充图形，效果如图 8-179 所示。

<table>
<tr><td>开幕式晚会</td><td>2800</td><td>1200</td><td>800</td><td>400</td><td>100</td></tr>
<tr><td>超级演唱会</td><td>2800</td><td>1200</td><td>800</td><td>400</td><td>100</td></tr>
<tr><td>闭幕式颁奖</td><td></td><td>1200</td><td>800</td><td>400</td><td></td></tr>
</table>

图 8-178   图 8-179

（14）按 F12 键，弹出"轮廓笔"对话框，将轮廓线颜色设为白色，其他选项的设置如图 8-180 所示，单击"确定"按钮，效果如图 8-181 所示。选择"选择"工具 ，按数字键盘上的+键复制星形，按住 Shift 键的同时向内拖曳控制手柄，等比例缩小图形，效果如图 8-182 所示。

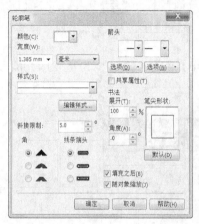

图 8-180   图 8-181   图 8-182

（15）用相同的方法复制并缩小图形，如图 8-183 所示。将原图形和复制的图形同时选取，按 Ctrl+G 组合键将其群组，并拖曳到适当的位置，调整其角度后，效果如图 8-184 所示。

图 8-183   图 8-184

（16）用相同的方法复制多个群组图形，并调整其大小和角度，效果如图 8-185 所示。演唱会宣传单制作完成，效果如图 8-186 所示。

图 8-185 图 8-186

8.2.7 设置透明效果

"透明度"工具可以制作出如均匀、渐变、图案和底纹等许多漂亮的透明效果。

选择"选择"工具 ，选择上方的图形，如图 8-187 所示。选择"透明度"工具 ，在属性栏的"透明度类型"下拉列表中选择一种透明类型，如图 8-188 所示，图形的透明效果如图 8-189 所示。

图 8-187 图 8-188 图 8-189

透明属性栏中各选项的含义如下。

、常规 ▼：选择透明类型和透明样式。

"开始透明度"选项 ├─ 53 ：拖曳滑块或直接输入数值，可以改变对象的透明度。

"透明度目标"选项 ■全部 ▼：设置应用透明度到"填充"、"轮廓"或"全部"效果。

"冻结透明度"按钮 ：进一步调整透明度。

"编辑透明度"按钮 ：打开"渐变透明度"对话框，可以对渐变透明度进行具体的设置。

"复制透明度属性"按钮 ：可以复制对象的透明效果。

"清除透明度"按钮 ：可以清除对象中的透明效果。

8.2.8 编辑轮廓效果

轮廓效果是由图形中向内部或者外部放射的层次效果，它由多个同心线圈组成。下面介绍如何制作轮廓效果。

绘制一个图形，如图 8-190 所示。在图形轮廓上方的节点上单击鼠标右键，并向内拖曳光标至需要的位置，松开鼠标左键，效果如图 8-191 所示。

"轮廓"工具的属性栏如图 8-192 所示。各选项的含义如下。

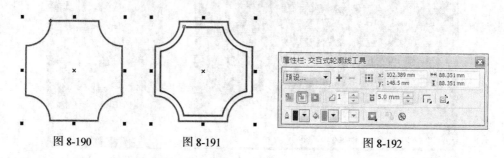

图 8-190　　　　　　图 8-191　　　　　　图 8-192

"预设列表"选项 预设... ▼：选择系统预设的样式。

"内部轮廓"按钮 ▣、"外部轮廓"按钮 ▣：使对象产生向内和向外的轮廓图。

"到中心"按钮 ▣：根据设置的偏移值一直向内创建轮廓图，效果如图 8-193 所示。

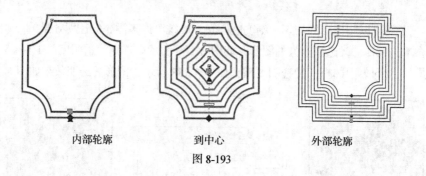

内部轮廓　　　　　　到中心　　　　　　外部轮廓

图 8-193

"轮廓图步长"选项 ▱1▮ 和"轮廓图偏移"选项 ▮5.0 mm▮：设置轮廓图的步数和偏移值，如图 8-194 和图 8-195 所示。

"轮廓色"选项 ▮▮▼：设定最内一圈轮廓线的颜色。

"填充色"选项 ◇▮▼：设定轮廓图的颜色。

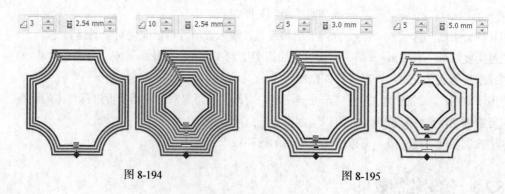

图 8-194　　　　　　　　图 8-195

命令介绍

封套工具：可以快速地建立对象的封套效果。

变形工具：可以产生不规则的图形外观。

8.2.9 课堂案例——制作咖啡标识

【案例学习目标】学习使用扭曲工具制作咖啡标识效果。

【案例知识要点】使用矩形工具、贝塞尔工具和椭圆形工具绘制图形，使用扭曲工具制作图形扭曲变形效果，使用转化为曲线命令转曲图形，效果如图 8-196 所示。

【效果所在位置】Ch08/效果/制作咖啡标识.cdr。

图 8-196

（1）按 Ctrl+N 组合键，新建一个页面。在属性栏的"页面度量"选项中分别设置宽度为 285mm、高度为 210mm，按 Enter 键，页面尺寸显示为设置的大小。

（2）选择"矩形"工具 □，绘制一个矩形，在属性栏中的设置如图 8-197 所示，按 Enter 键确认操作，效果如图 8-198 所示。设置图形填充颜色的 CMYK 值为 15、36、76、0，填充图形并去除图形的轮廓线，效果如图 8-199 所示。

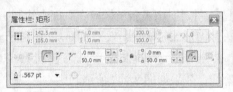

图 8-197　　　　　　　　　　图 8-198　　　　　　　　　　图 8-199

（3）选择"选择"工具 ，选取需要的图形，按 Ctrl+Q 组合键将图形转化为曲线，向下拖曳图形下方中间的控制手柄调整图形，效果如图 8-200 所示。

（4）选择"贝塞尔"工具 ，绘制一个不规则图形，设置图形填充颜色的 CMYK 值为 15、36、76、0，填充图形并去除图形的轮廓线，效果如图 8-201 所示。

图 8-200　　　　　　　　　图 8-201

（5）选择"选择"工具 ，圈选需要的图形，如图 8-202 所示。单击属性栏中的"合并"按钮 ，将多个图形合并为一个图形，效果如图 8-203 所示。

图 8-202 图 8-203

（6）选择"椭圆形"工具 ，按住 Ctrl 键的同时在页面中绘制一个圆形，设置图形填充颜色的 CMYK 值为 70、20、0、0，去除图形的轮廓线，效果如图 8-204 所示。

（7）选择"变形"工具 ，单击属性栏中"推拉变形"按钮 ，在图像中部向外拖曳鼠标，将图像变形，效果如图 8-205 所示。

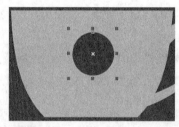

图 8-204 图 8-205

（8）选择"椭圆形"工具 ，按住 Ctrl 键的同时在页面中绘制一个圆形，设置图形填充颜色的 CMYK 值为 0、10、21、0，去除图形的轮廓线，效果如图 8-206 所示。

（9）选择"贝塞尔"工具 ，绘制一个不规则图形，设置图形填充颜色的 CMYK 值为 0、10、21、0，填充图形并去除图形的轮廓线，效果如图 8-207 所示。

（10）按 Ctrl+I 组合键，弹出"导入"对话框，选择本书学习资源中的"Ch08 > 素材 > 制作咖啡标识 > 01"文件，单击"导入"按钮，在页面中单击导入图片，将其拖曳到适当的位置并调整其大小，填充图形为白色，效果如图 8-208 所示。咖啡标识绘制完成。

图 8-206 图 8-207 图 8-208

8.2.10   使用变形效果

"变形"工具 可以使图形的变形操作更加方便。变形后可以产生不规则的图形外观，变形后的图形效果更具弹性、更加奇特。

选择"变形"工具 ，弹出如图 8-209 所示的属性栏，在属性栏中提供了 3 种变形方式："推拉变形" 、"拉链变形" 和"扭曲变形" 。

图 8-209

1. 推拉变形

绘制一个图形，如图 8-210 所示，单击属性栏中的"推拉变形"按钮 ，在图形上按住鼠标左键并向左拖曳光标，如图 8-211 所示，松开鼠标，变形效果如图 8-212 所示。

图 8-210   图 8-211   图 8-212

在属性栏中的"推拉振幅" 框中，可以通过输入数值来控制推拉变形的幅度，推拉变形的设置范围在-200~200。单击"居中变形"按钮 ，可以将变形的中心移至图形的中心。单击"转换为曲线"按钮 ，可以将图形转换为曲线。

2. 拉链变形

绘制一个图形，如图 8-213 所示，单击属性栏中的"拉链变形"按钮 ，在图形上按住鼠标左键并向左拖曳光标，如图 8-214 所示，松开鼠标，变形效果如图 8-215 所示。

图 8-213   图 8-214   图 8-215

在属性栏的"拉链振幅" 框中，可以通过输入数值调整变化图形时锯齿的高度；"拉链频率" 框中，可以通过输入频率的数值来设置两个节点之间的锯齿数量；单击属性栏中的"随机变形"按钮 ，可以随机地变化图形锯齿的深度；单击"平滑变形"按钮 ，可以将图形锯齿的尖角变成圆弧；单击"局限变形"按钮 🔲，在图形中拖曳光标，可以将图形锯齿的局部进行变形。

3. 扭曲变形

绘制一个图形，效果如图 8-216 所示。选择"变形"工具 🔲，单击属性栏中的"扭曲变形"按钮 🔲，在图形中按住鼠标左键并转动光标，如图 8-217 所示，图形变形的效果如图 8-218 所示。

图 8-216   图 8-217   图 8-218

单击属性栏中的"添加新的变形"按钮 🔲，可以继续在图形中按住鼠标左键并转动光标，制作新的变形效果。单击"顺时针旋转"按钮 🔲 和"逆时针旋转"按钮 🔲，可以设置旋转的方向；在"完全旋转" 🔲 文本框中设置完全旋转的圈数；在"附加度数" 🔲 文本框中设置旋转的角度。

8.2.11 封套效果

"封套"工具可以快速建立对象的封套效果，使文本、图形和位图都可以产生丰富的变形效果。

打开一个要制作封套效果的图形，如图 8-219 所示。选择"封套"工具 🔲，单击图形，图形外围显示封套的控制线和控制点，如图 8-220 所示。用鼠标拖曳需要的控制点到适当的位置并松开鼠标左键，可以改变图形的外形，如图 8-221 所示。选择"选择"工具 🔲 并按 Esc 键取消选取，图形的封套效果如图 8-222 所示。

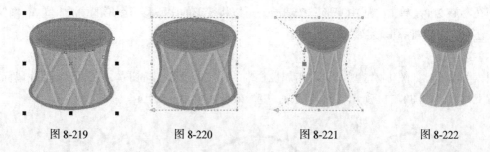

图 8-219   图 8-220   图 8-221   图 8-222

在属性栏的"预设列表" 🔲 中可以选择需要的预设封套效果。"直线模式"按钮 🔲、"单弧模式"按钮 🔲、"双弧模式"按钮 🔲 和"非强制模式"按钮 🔲 为 4 种不同的封套编辑模式。"映射模式" 🔲 列表框包含 4 种映射模式，分别是"水平"模式、"原始"模式、"自由变形"模式和"垂直"模式。使用不同的映射模式可以使封套中的对象符合封套的形状，制作出需要的变形效果。

8.2.12 使用透镜效果

在 CorelDRAW X6 中，使用透镜可以制作出多种特殊效果。下面介绍使用透镜的方法和使用后的效果。

打开一个图形，使用"选择"工具 ❏ 选取图形，如图 8-223 所示。选择"效果 > 透镜"命令，或按 Alt+F3 组合键，弹出"透镜"泊坞窗，如图 8-224 所示进行设定，单击"应用"按钮，效果如图 8-225 所示。

在"透镜"泊坞窗中有"冻结"、"视点"和"移除表面"3 个复选框，选中它们可以设置透镜效果的公共参数。

"冻结"复选框：可以将透镜下面的图形产生的透镜效果添加成透镜的一部分。产生的透镜效果不会因为透镜或图形的移动而改变。

"视点"复选框：可以在不移动透镜的情况下，只弹出透镜下面对象的一部分。单击"视点"后面的"编辑"按钮，在对象的中心出现 × 形状，拖动 × 形状可以移动视点。

"移除表面"复选框：透镜将只作用于下面的图形，没有图形的页面区域将保持通透性。

透明度 ▼ 选项：单击列表框弹出"透镜类型"下拉列表，如图 8-226 所示。在"透镜类型"下拉列表中的透镜上单击鼠标左键，可以选择需要的透镜。选择不同的透镜，再进行参数的设定，可以制作出不同的透镜效果。

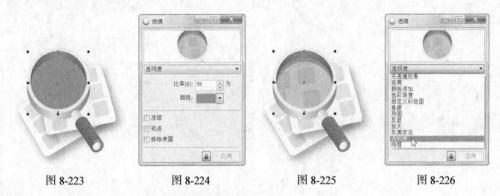

图 8-223   图 8-224   图 8-225   图 8-226

课堂练习——制作网络世界标志

【练习知识要点】使用多边形工具绘制六边形，使用交互式轮廓图工具制作网络图形，使用文本工具输入并编辑内容文字，效果如图 8-227 所示。

【素材所在位置】Ch08/素材/制作网络世界标志/01、02。

【效果所在位置】Ch08/效果/制作网络世界标志.cdr。

图 8-227

课后习题——制作立体字

【习题知识要点】使用文本工具输入文字，使用渐变填充工具为文字填充渐变色，使用立体化效果制作文字立体效果，如图 8-228 所示。

【素材所在位置】Ch08/素材/制作立体字/01。

【效果所在位置】Ch08/效果/制作立体字.cdr。

图 8-228

第**9**章 商业案例实训

本章介绍

本章的综合设计实训案例根据商业设计项目真实情境来训练学生如何利用所学知识完成商业设计项目。通过多个商业设计项目案例的演练，使读者进一步牢固掌握 CorelDRAW X6 的强大操作功能和使用技巧，并应用好所学技能制作出专业的商业设计作品。

学习目标

● 掌握软件基础知识。

● 了解 CorelDRAW 的常用设计领域。

● 掌握 CorelDRAW 在不同设计领域的使用技巧。

技能目标

● 掌握海报设计——冰淇淋海报的制作方法。

● 掌握宣传单设计——鸡肉卷宣传单的制作方法。

● 掌握广告设计——网页广告的制作方法。

● 掌握杂志设计——时尚杂志封面的制作方法。

● 掌握书籍封面设计——旅游攻略书籍封面的制作方法。

● 掌握包装设计——婴儿奶粉包装的制作方法

9.1 海报设计——制作冰淇淋海报

9.1.1 项目背景及要求

1. 客户名称

琪琪霜冰淇淋

2. 客户需求

琪琪霜冰淇淋是一个刚刚推出的冰淇淋品牌，其品牌冰淇淋奶味醇香、口感极佳，刚刚面世就受到了大众的欢迎，为了提升知名度需要制作一款宣传海报，能够适用于街头派发、橱窗及公告栏展示，要求根据品牌的形象与定位进行设计制作。

3. 设计要求

（1）包装风格要求符合冰淇淋的特色，以甜美可爱为主要设计元素。

（2）以介绍和宣传冰淇淋产品为主，使观看者一目了然。

（3）色彩丰富艳丽，提取冰淇淋的色彩元素进行搭配。

（4）将标题字体进行设计制作，使其在画面中效果突出。

（5）设计规格均为 130mm（宽）×180mm（高），分辨率为 300 dpi。

9.1.2 项目创意及制作

1. 素材资源

图片素材所在位置：本书学习资源中的"Ch09/素材/制作冰淇淋海报/01~06"。

文字素材所在位置：本书学习资源中的"Ch09/素材/制作冰淇淋海报/文字文档"。

2. 设计作品

设计作品参考效果所在位置：本书学习资源中的"Ch09/效果/制作冰淇淋海报.cdr"，效果如图9-1所示。

图 9-1

3.制作要点

使用贝塞尔工具、调和工具和图框精确剪裁命令制作装饰图形，使用文本工具添加文字，使用轮廓工具制作文字效果。

9.1.3　案例制作及步骤

（1）按 Ctrl+N 组合键，新建一个页面。在属性栏的"页面度量"选项中分别设置宽度为 130mm，高度为 180mm，按 Enter 键，页面尺寸显示为设置的大小。按 Ctrl+I 组合键，弹出"导入"对话框，选择本书学习资源中的"Ch09 > 素材 > 制作冰淇淋海报 > 01、04"文件，单击"导入"按钮，在页面中分别单击导入图片，调整其大小并拖曳到适当的位置，效果如图 9-2 所示。

（2）按 Ctrl+I 组合键，弹出"导入"对话框，选择本书学习资源中的"Ch09 > 素材 > 制作冰淇淋海报 > 02"文件，单击"导入"按钮，在页面中单击导入图片，如图 9-3 所示。

（3）按 Ctrl+U 组合键取消群组。选择"选择"工具 ，选取需要的图形，如图 9-4 所示，拖曳到适当的位置并调整其大小，效果如图 9-5 所示。用相同的方法拖曳其他图形到适当的位置，并调整其大小和角度，效果如图 9-6 所示。

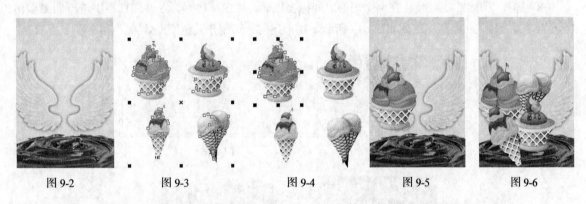

图 9-2　　　　图 9-3　　　　图 9-4　　　　图 9-5　　　　图 9-6

（4）选择"钢笔"工具 ，在适当的位置绘制一个图形，设置图形颜色的 CMYK 值为 1、89、13、0，填充图形。填充轮廓色为白色，在属性栏中的"轮廓宽度" .2 mm 框中设置数值为 2mm，按 Enter 键，效果如图 9-7 所示。

（5）选择"矩形"工具 ，在适当的位置绘制一个矩形，如图 9-8 所示。设置图形颜色的 CMYK 值为 7、81、2、0，填充图形并去除图形的轮廓线，效果如图 9-9 所示。

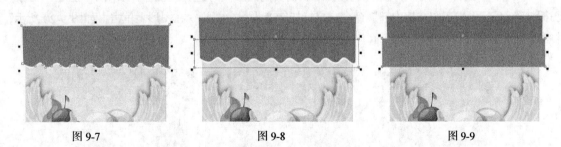

图 9-7　　　　　　　　图 9-8　　　　　　　　图 9-9

（6）选择"矩形"工具 ，再绘制一个矩形，如图 9-10 所示。设置图形颜色的 CMYK 值为 33、87、10、0，填充图形并去除图形的轮廓线，效果如图 9-11 所示。

图 9-10   图 9-11

（7）选择"选择"工具 ，再次单击矩形图形，使其处于旋转状态，如图 9-12 所示。向右拖曳上方中间的控制手柄到适当的位置，倾斜图形，效果如图 9-13 所示。用同样的方法制作出如图 9-14 所示的效果。

图 9-12   图 9-13   图 9-14

（8）选择"调和"工具 ，在两个矩形之间拖曳鼠标，如图 9-15 所示，在属性栏中进行如图 9-16 所示的设置，按 Enter 键，效果如图 9-17 所示。用上述的方法制作其他图形效果，如图 9-18 所示。

图 9-15   图 9-16

图 9-17   图 9-18

（9）选择"选择"工具 ，用圈选的方法将需要的图形同时选取，如图 9-19 所示。选择"对象 > 图框精确剪裁 > 置于图文框内部"命令，鼠标指针变为黑色箭头，在图形上单击，如图 9-20 所示，将图形置入容器中，如图 9-21 所示。

图 9-19   图 9-20   图 9-21

（10）按 Ctrl+I 组合键，弹出"导入"对话框，选择本书学习资源中的"Ch09 > 素材 > 制作冰淇

淋海报 > 03"文件,单击"导入"按钮,在页面中单击导入图片,将其拖曳到适当的位置,效果如图
9-22 所示。连续按 Ctrl+PageDown 组合键将其后移,效果如图 9-23 所示。

(11)用圈选的方法将需要的图形同时选取,如图 9-24 所示。按 Ctrl+G 组合键将其编组。双击"矩
形"工具 □,绘制一个与页面大小相等的矩形。按 Shift+PageUp 组合键将其置于图层前面,如图 9-25
所示。

图 9-22　　　　　　　　图 9-23　　　　　　　　图 9-24　　　　　　　　图 9-25

(12)选择"选择"工具 ,将需要的图形同时选取,如图 9-26 所示。选择"对象 > 图框精确
剪裁 > 置于图文框内部"命令,鼠标指针变为黑色箭头,在矩形上单击,如图 9-27 所示,将编组对
象置入矩形中,并去除矩形的轮廓线,如图 9-28 所示。

(13)按 Ctrl+I 组合键,弹出"导入"对话框,选择本书学习资源中的"Ch09 > 素材 > 制作冰淇
淋海报 > 05、06"文件,单击"导入"按钮,在页面中分别单击导入图片,将其拖曳到适当的位置,
效果如图 9-29 所示。

图 9-26　　　　　　　　图 9-27　　　　　　　　图 9-28　　　　　　　　图 9-29

(14)选择"文本"工具 字,在页面中输入需要的文字,选择"选择"工具 ,在属性栏中选取
适当的字体并设置文字大小,填充文字为白色,效果如图 9-30 所示。选择"文本"工具 字,选取需要
的文字,如图 9-31 所示,在属性栏中设置适当的文字大小,效果如图 9-32 所示。

图 9-30　　　　　　　　　图 9-31　　　　　　　　　图 9-32

（15）选择"轮廓图"工具 ，在文字上拖曳指针到适当的位置，如图 9-33 所示。在属性栏中将"填充色"选项的 CMYK 的值设为 39、100、43、0，其他选项的设置如图 9-34 所示，按 Enter 键，效果如图 9-35 所示。按 Ctrl+K 组合键拆分轮廓对象。按 Ctrl+U 组合键取消编组。

图 9-33　　　　　　　　　　　图 9-34　　　　　　　　　　　图 9-35

（16）选择"选择"工具 ，选取需要的图形，如图 9-36 所示。设置图形颜色的 CMYK 值为 0、92、8、0，填充图形，效果如图 9-37 所示。用圈选的方法将需要的图形同时选取，如图 9-38 所示。按 Ctrl+G 组合键将其群组。

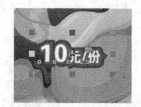

图 9-36　　　　　　　　　　　图 9-37　　　　　　　　　　　图 9-38

（17）选择"文本"工具 ，在页面中输入需要的文字，选择"选择"工具 ，在属性栏中选取适当的字体并设置文字大小，填充文字为白色，效果如图 9-39 所示。

（18）选择"轮廓图"工具 ，在文字上拖曳光标，为文字添加轮廓图效果。在属性栏中将"填充色"选项的 CMYK 的值设为 39、100、43、0，其他选项的设置如图 9-40 所示，按 Enter 键，效果如图 9-41 所示。按 Ctrl+K 组合键拆分轮廓对象。按 Ctrl+U 组合键取消编组。

图 9-39　　　　　　　　　　　图 9-40　　　　　　　　　　　图 9-41

（19）选择"选择"工具 ，选取需要的图形，如图 9-42 所示。设置图形颜色的 CMYK 值为 0、92、8、0，填充图形，效果如图 9-43 所示。用圈选的方法将需要的图形同时选取，如图 9-44 所示。按 Ctrl+G 组合键将其编组。

图 9-42　　　　　　　　　　　图 9-43　　　　　　　　　　　图 9-44

（20）在群组图形上单击鼠标左键，使其处于旋转状态，如图 9-45 所示，向下拖曳群组图形左上方的控制手柄到适当的位置，将其旋转并将图形拖曳到适当的位置，效果如图 9-46 所示。用相同的方法制作其他文字效果，如图 9-47 所示。冰淇淋海报制作完成。

图 9-45

图 9-46

图 9-47

课堂练习 1——制作数码相机海报

练习 1.1　项目背景及要求

1．客户名称
佳康电子科技

2．客户需求
佳康电子科技目前推出了一款专为客户定制的数码相机，需制作针对此次活动的宣传海报，能够适用于街头派发，橱窗及公告栏展示，海报要求内容丰富全面，画面新颖独特，使广大消费者快速吸收讯息，达到宣传效果。

3．设计要求
（1）海报要求将活动的产品、内容及形式进行明确详细的介绍。

（2）海报画面要求表现出本次活动欢乐与热闹的氛围。

（3）色彩要求鲜艳，对比强烈，能够快速直观地吸引消费者的眼球。

（4）整体内容丰富，信息提炼明确，抓住宣传要点。

（5）设计规格均为 220mm（宽）×320mm（高），分辨率为 300 dpi。

练习 1.2　项目创意及制作

1．素材资源
图片素材所在位置：本书学习资源中的"Ch09/素材/制作数码相机海报/01~04"。

文字素材所在位置：本书学习资源中的"Ch09/素材/制作数码相机海报/文字文档"。

2．作品参考

设计作品参考效果所在位置：本书学习资源中的"Ch09/效果/制作数码相机海报.cdr"，效果如图 9-48 所示。

图 9-48

3．制作要点

使用矩形工具、椭圆工具、调和工具和图框精确剪裁命令制作背景，使用椭圆工具、合并命令和移除前面对象制作镜头图形，使用透明度工具制作剪切图形的透明效果，使用文本工具添加相关信息。

课堂练习 2——制作夜吧海报

练习 2.1　项目背景及要求

1．客户名称

墨都时尚音乐吧

2．客户需求

墨都时尚音乐吧是一家与大家分享音乐，发现好音乐的交流互动平台。目前店内即将举办"舞动之夜"的主题音乐会，要求制作一张具有动感，欢快效果的海报用于宣传。

3．设计要求

（1）海报风格要求具有时尚、欢快的风格特色。

（2）要求整个海报的形式以插画表现，独具特色。

（3）重点宣传本次活动，内容详细，重点内容要求突出表现。

（4）色彩艳丽，通过色彩丰富的变化表现音乐的动感与活力。

（5）设计规格均为 130mm（宽）×180mm（高），分辨率为 300 dpi。

练习 2.2　项目创意及制作

1．素材资源

图片素材所在位置：本书学习资源中的"Ch09/素材/制作夜吧海报/01、02"。

文字素材所在位置：本书学习资源中的"Ch09/素材/制作夜吧海报/文字文档"。

2．作品参考

设计作品参考效果所在位置：本书学习资源中的"Ch09/效果/制作夜吧海报.cdr"，效果如图 9-49 所示。

图 9-49

3．制作要点

使用动态模糊命令为图片添加模糊效果，使用文本工具、调和工具制作宣传语，使用文本工具和轮廓图工具添加内容文字。

课后习题 1——制作 MP3 宣传海报

习题 1.1　项目背景及要求

1．客户名称

天易电子科技有限公司

2．客户需求

天易电子科技有限公司位于北京电器一条街，主要从事 MP3、MP4 等影音设备的推广。目前公司推出新款超炫 MP4，为宣传其最新产品，需要制作广告，广告要求时尚并富有活力。

3．设计要求

（1）海报的色彩丰富明艳，能够增强画面的视觉效果。

（2）海报内容要与主题相符，能够使观众感受到魔音的主题。

（3）画面要求具有空间感，丰富画面效果。

（4）设计规格均为 285mm（宽）×210mm（高），分辨率为 300 dpi。

习题 1.2　项目创意及制作

1．素材资源

图片素材所在位置：本书学习资源中的"Ch09/素材/制作 MP3 宣传海报/01~07"。

文字素材所在位置：本书学习资源中的"Ch09/素材/制作 MP3 宣传海报/文字文档"。

2．作品参考

设计作品参考效果所在位置：本书学习资源中的"Ch09/效果/制作 MP3 宣传海报.cdr"，效果如图 9-50 所示。

图 9-50

3．制作要点

使用矩形工具、透明度工具和图框精确剪裁命令制作背景效果，使用文本工具和轮廓笔命令添加标题文字，使用垂直镜像命令和透明度工具制作 MP3 投影效果，使用添加符号字符命令添加装饰图形。

课后习题 2——制作街舞大赛海报

习题 2.1　项目背景及要求

1．客户名称

时尚劲舞团

2．客户需求

本案例是为即将开展的时尚街舞设计制作宣传海报。本次赛事主要是以街舞为主题来表现舞蹈这种艺术形式。海报要求通过图片和文字的艺术设计，表现出强烈的号召力和舞蹈艺术的感染力。

3．设计要求

（1）海报的风格能够让人感受到时尚、律动的感觉。

（2）标题设计醒目，能够快速吸引大众的视线。

（3）海报要求使用浅色的背景，达到衬托效果。

（4）设计规格均为 210mm（宽）×297mm（高），分辨率为 300 dpi。

习题 2.2　项目创意及制作

1．素材资源

图片素材所在位置：本书学习资源中的"Ch09/素材/制作街舞大赛海报/01~04"。

文字素材所在位置：本书学习资源中的"Ch09/素材/制作街舞大赛海报/文字文档"。

2．作品参考

设计作品参考效果所在位置：本书学习资源中的"Ch09/效果/制作街舞大赛海报.cdr"，效果如图 9-51 所示。

图 9-51

3. 制作要点

使用文本工具和形状工具添加并调整文字，使用渐变工具填充文字，使用椭圆形工具绘制装饰圆形，使用形状工具和转换为曲线命令编辑宣传语，使用轮廓图工具和阴影工具制作宣传语立体效果。

9.2　宣传单设计——制作鸡肉卷宣传单

9.2.1　项目背景及要求

1. 客户名称

桥西快餐

2. 客户需求

桥西快餐即将推出新品活动，要求设计鸡肉卷促销宣传单，能够适用于街头派发，橱窗及公告栏展示，宣传单的语言要求简明扼要，形式要做到新颖美观，突出宣传促销卖点，使消费者能够快速接收到食品信息。

3. 设计要求

（1）要求宣传单将活动的性质、内容及形式进行明确的介绍。

（2）画面要求突出活动标题及产品特色。

（3）宣传单的内容全面详细，版面丰富，富有变化。

（4）信息提炼明确，抓住宣传要点。

（5）设计规格均为 210mm（宽）×285mm（高），分辨率为 300 dpi。

9.2.2　项目创意及制作

1. 素材资源

图片素材所在位置：本书学习资源中的"Ch09/素材/制作鸡肉卷宣传单/01~03"。

文字素材所在位置：本书学习资源中的"Ch09/素材/制作鸡肉卷宣传单/文字文档"。

2. 设计作品

设计作品参考效果所在位置：本书学习资源中的"Ch09/效果/制作鸡肉卷宣传单.cdr"，效果如图9-52 所示。

图 9-52

3. 制作要点

使用文本工具、拆分命令、贝塞尔工具和填充工具制作标题文字，使用椭圆形工具、文本工具添加促销文字。

9.2.3 案例制作及步骤

（1）按 Ctrl+N 组合键，新建一个页面。在属性栏的"页面度量"选项中分别设置宽度为 210mm、高度为 285mm，按 Enter 键，页面尺寸显示为设置的大小。

（2）选择"文件 > 导入"命令，弹出"导入"对话框。选择本书学习资源中的"Ch09 > 素材 > 制作鸡肉卷宣传单 > 01"文件，单击"导入"按钮。在页面中单击导入的图片，按 P 键，图片在页面居中对齐，效果如图 9-53 所示。

（3）选择"文本"工具 字，在适当的位置输入需要的文字。选择"选择"工具 ，在属性栏中选择合适的字体并设置文字大小，效果如图 9-54 所示。

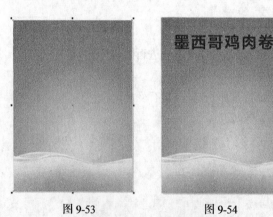

图 9-53　　　　　　　　　　图 9-54

（4）按 Ctrl+K 组合键，将文字进行拆分。选择"选择"工具 ，选取文字"墨"，将其拖曳到适当的位置，在属性栏中进行设置，如图 9-55 所示。按 Enter 键，效果如图 9-56 所示。用相同的方法分别调整其他文字的大小、角度和位置，效果如图 9-57 所示。

图 9-55

图 9-56

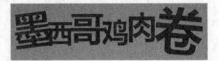

图 9-57

（5）选择"选择"工具 ，选取文字"墨"。按 Ctrl+Q 组合键，将文字转化为曲线，如图 9-58 所示。用相同的方法将其他文字转化为曲线。选择"贝塞尔"工具 ，在页面中适当的位置绘制一个不规则图形，如图 9-59 所示。选择"选择"工具 ，将文字"卷"和不规则图形同时选取，单击属性栏中的"移除前面对象"按钮 ，对文字进行裁切，效果如图 9-60 所示。

图 9-58 　　　　　　　 图 9-59 　　　　　　　 图 9-60

（6）选择"选择"工具 ，选取文字"墨"。选择"形状"工具 ，选取需要的节点，如图 9-61 所示。向左上方拖曳节点到适当的位置，效果如图 9-62 所示。用相同的方法调整其他文字节点的位置，效果如图 9-63 所示。

图 9-61

图 9-62

图 9-63

（7）选择"贝塞尔"工具 ，在适当的位置绘制一个不规则图形，填充图形为黑色，并去除图形的轮廓线，效果如图 9-64 所示。用相同的方法再绘制两个图形，填充图形为黑色并去除图形的轮廓线，效果如图 9-65 所示。

图 9-64

图 9-65

（8）选择"选择"工具 ，用圈选的方法将所有文字同时选取。设置图形颜色的 CMYK 值为 0、

100、100、20，填充文字。按 Ctrl+G 组合键将其群组，效果如图 9-66 所示。按 Ctrl+C 组合键复制文字图形。

（9）按 F12 键，弹出"轮廓笔"对话框，在"颜色"选项中设置轮廓线颜色为"白"，其他选项的设置如图 9-67 所示。单击"确定"按钮，效果如图 9-68 所示。

图 9-66　　　　　　　　　　　　　　图 9-67　　　　　　　　　　　　　　图 9-68

（10）按 Ctrl+V 组合键，将复制的文字图形原位粘贴。按 F12 键，弹出"轮廓笔"对话框，在"颜色"选项中设置轮廓线颜色为"黑"，其他选项的设置如图 9-69 所示。单击"确定"按钮，效果如图 9-70 所示。

（11）选择"贝塞尔"工具 ，绘制多个不规则图形和曲线，填充曲线为白色，并去除图形的轮廓线，效果如图 9-71 所示。

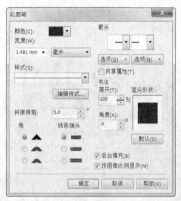

图 9-69　　　　　　　　　　　　　　图 9-70　　　　　　　　　　　　　　图 9-71

（12）选择"贝塞尔"工具 ，绘制多个不规则图形和曲线，设置图形颜色的 CMYK 值为 40、0、100、0，填充图形并去除图形的轮廓线，效果如图 9-72 所示。多次按 Ctrl+PageDown 组合键将图形向后调整到适当的位置，效果如图 9-73 所示。

（13）选择"文件 > 导入"命令，弹出"导入"对话框。选择本书学习资源中的"Ch09> 素材 > 制作鸡肉卷宣传单 >02、03"文件，单击"导入"按钮。在页面中分别单击导入的图片，并将其拖曳到适当的位置，效果如图 9-74 所示。

| 图 9-72 | 图 9-73 | 图 9-74 |

（14）选择"文本"工具 字，分别输入需要的文字。选择"选择"工具 ，在属性栏中分别选择合适的字体并设置文字大小，填充文字为白色，效果如图 9-75 所示。

（15）选择"椭圆形"工具 ，按住 Ctrl 键的同时绘制一个圆形。设置图形颜色的 CMYK 值为 0、60、100、0，填充图形，并去除图形的轮廓线，效果如图 9-76 所示。多次按 Ctrl+PageDown 组合键，将图形向后调整到适当的位置，效果如图 9-77 所示。

| 图 9-75 | 图 9-76 | 图 9-77 |

（16）选择"文本"工具 字，分别输入需要的文字。选择"选择"工具 ，在属性栏中分别选择合适的字体并设置文字大小。设置图形颜色的 CMYK 值为 0、100、100、0，填充文字，效果如图 9-78 所示。

（17）选择"矩形"工具 ，绘制一个矩形。设置图形颜色的 CMYK 值为 0、100、100、0，填充图形，并去除图形的轮廓线，效果如图 9-79 所示。用相同的方法再绘制一个矩形并填充相同的颜色，效果如图 9-80 所示。

| 图 9-78 | 图 9-79 | 图 9-80 |

（18）选择"文本"工具 字，输入需要的文字。选择"选择"工具 ，在属性栏中选择合适的字体并设置文字大小。设置图形颜色的 CMYK 值为 0、100、100、50，填充文字，效果如图 9-81 所示。

（19）选择"文本"工具 字，输入需要的文字。选择"选择"工具 ，在属性栏中选择合适的字体并设置文字大小，填充文字为黑色，效果如图 9-82 所示。鸡肉卷宣传单制作完成。

图 9-81　　　　　　　　　　　　　图 9-82

课堂练习 1——制作咖啡宣传单

练习 1.1　项目背景及要求

1. 客户名称
星克咖啡店

2. 客户需求
星克咖啡店是室内环境优美，店内设有各类图书以供大家休息放松的休闲娱乐场所。目前店内推出新款咖啡需制作产品宣传单，作为大量派发之用，适合用于街头派发、橱窗及公告栏展示。宣传单的内容要求较简单，将最大的卖点有效地表达出来，以第一时间吸引客户的注意。

3. 设计要求
（1）设计风格清新淡雅，主题突出，明确市场定位。
（2）突出对咖啡的宣传，并传达出店内的品质与理念。
（3）设计要求简单大气，图文编排合理并且具有特色。
（4）以真实简洁的方式向观者传达信息内容。
（5）设计规格均为 210mm（宽）×285mm（高），分辨率为 300 dpi。

练习 1.2　项目创意及制作

1. 素材资源
图片素材所在位置：本书学习资源中的 "Ch09/素材/制作咖啡宣传单/01~03"。
文字素材所在位置：本书学习资源中的 "Ch09/素材/制作咖啡宣传单/文字文档"。

2. 作品参考
设计作品参考效果所在位置：本书学习资源中的 "Ch09/效果/制作咖啡宣传单.cdr"，效果如图 9-83 所示。

图 9-83

3. 制作要点

使用透明度工具和图框精确剪裁命令制作背景效果,使用钢笔工具和渐变填充工具制作装饰图形,使用文本工具添加文字,使用表格工具制作表格。

课堂练习 2——制作时尚鞋宣传单

练习 2.1　项目背景及要求

1. 客户名称

KELE 鞋业有限公司

2. 客户需求

KELE 鞋业有限公司是一家专门经营男性高档鞋的公司,在双十一来临之际,公司现进行促销活动,需要制作一幅针对此次优惠活动的促销广告,要求针对促销宣传重点进行设计,达到宣传的目的。

3. 设计要求

（1）宣传单的背景使用纯色,能够突出宣传重点。

（2）将折扣信息进行设计,能够吸引消费者的关注。

（3）将促销产品整齐排列,使画面看上去整齐有序。

（4）色彩搭配舒适,图文编排合理,使画面看上去丰富饱满。

（5）设计规格均为 210mm（宽）×285mm（高）,分辨率为 300 dpi。

练习 2.2　项目创意及制作

1. 素材资源

图片素材所在位置：本书学习资源中的"Ch09/素材/制作时尚鞋宣传单/01~05"。

文字素材所在位置：本书学习资源中的"Ch09/素材/制作时尚鞋宣传单/文字文档"。

2. 作品参考

设计作品参考效果所在位置：本书学习资源中的"Ch09/效果/制作时尚鞋宣传单.cdr",效果如图9-84 所示。

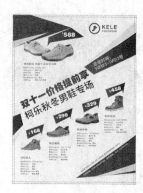

图 9-84

3. 制作要点

使用矩形工具、贝塞尔工具和图框精确剪裁命令制作背景效果，使用椭圆形工具、贝塞尔工具、渐变工具和文字工具制作标识，使用导入命令导入素材图片，使用文本工具添加文字。

课后习题 1——制作旅游宣传单

习题 1.1　项目背景及要求

1. 客户名称

大牛旅游网

2. 客户需求

大牛旅游网一家专业的休闲旅游预订平台，提供北京、上海、广州、深圳等百余个城市出发的旅游产品预订服务，包括跟团游、自助游、邮轮、机票、火车票、酒店、门票等，产品全面，价格透明。目前有专门针对境外游的优惠政策，特为此设计一款宣传单，要求体现出活动特色和优惠政策。

3. 设计要求

（1）海报风格时尚活泼、形式多样。

（2）在设计上使用鲜艳丰富的色彩，使画面看起来更具特色。

（3）画面中多使用图形形式丰富内容，使人感受到旅游的热情。

（4）海报整体能够让人感受到快乐，达到宣传的效果。

（5）设计规格均为 210mm（宽）×285mm（高），分辨率为 300 dpi。

习题 1.2　项目创意及制作

1. 素材资源

图片素材所在位置：本书学习资源中的"Ch09/素材/制作旅游宣传单/01"。

文字素材所在位置：本书学习资源中的"Ch09/素材/制作旅游宣传单/文字文档"。

2. 作品参考

设计作品参考效果所在位置：本书学习资源中的"Ch09/效果/制作旅游宣传单.cdr"，效果如图 9-85 所示。

图 9-85

3. 制作要点

使用矩形工具绘制攻略红色背景，使用文本工具和修剪命令添加镂空的宣传文字，使用文本工具添加内容文字。

课后习题 2——制作儿童摄影宣传单

习题 2.1　项目背景及要求

1. 客户名称
童心童影

2. 客户需求
童心童影是一家时尚儿童摄影室，专为儿童拍摄时尚影像作为留念目前工作室已经营业两周年了，为了回馈广大顾客，特举办两周年店庆活动，届时来摄影均有优惠，要求根据本店特色制作活动宣传单。

3. 设计要求
（1）宣传单风格时尚可爱，符合儿童卡通唯美的风格。
（2）宣传单形式简洁大方，图文搭配合理。
（3）色彩柔和淡雅，整体色调优雅，具有童真的特色。
（4）图案形式以插画的形式呈现，既可爱又不失时尚。
（5）设计规格均为 210mm（宽）× 285mm（高），分辨率为 300 dpi。

习题 2.2　项目创意及制作

1. 素材资源
图片素材所在位置：本书学习资源中的"Ch09/素材/制作儿童摄影宣传单/01~05"。
文字素材所在位置：本书学习资源中的"Ch09/素材/制作儿童摄影宣传单/文字文档"。

2. 作品参考
设计作品参考效果所在位置：本书学习资源中的"Ch09/效果/制作儿童摄影宣传单.cdr"，效果如图 9-86 所示。

图 9-86

3．制作要点

使用导入命令和图框精确剪裁命令制作背景，使用文本工具添加文字内容，使用转化为曲线命令编辑文字效果，使用贝塞尔工具、椭圆形工具和 2 点线工具绘制图形效果。

9.3 广告设计——制作网页广告

9.3.1 项目背景及要求

1．客户名称

易网购物网站

2．客户需求

易网购物网站是一个主要销售电子产品的购物网站，网站专业性强，信誉度高，致力于打造电子产品的领先网站。在网站成立三周年之际，网站特推出优惠活动，需要制作宣传的网页广告，在互联网上进行宣传，要求画面丰富，达到宣传效果。

3．设计要求

（1）网页设计要求使用绿色作为画面背景。

（2）将促销信息在画面中进行放大处理，使观看者快速接收到信息。

（3）色彩丰富艳丽，能够吸引观看者的注意。

（4）画面内容丰富，搭配合理。

（5）设计规格均为 285mm（宽）×115mm（高），分辨率为 300 dpi。

9.3.2 项目创意及制作

1．素材资源

图片素材所在位置：本书学习资源中的"Ch09/素材/制作网页广告/01~03"。

文字素材所在位置：本书学习资源中的"Ch09/素材/制作网页广告/文字文档"。

2．设计作品

设计作品参考效果所在位置：本书学习资源中的"Ch09/效果/制作网页广告.cdr"，效果如图 9-87 所示。

图 9-87

3. 制作要点

使用矩形工具、椭圆形工具和贝塞尔工具制作背景效果，使用文本工具和阴影工具制作文字效果，使用贝塞尔工具、椭圆形工具、阴影工具和透明度工具制作装饰图形效果。

9.3.3 案例制作及步骤

1. 制作背景效果

（1）按 Ctrl+N 组合键，新建一个页面。在属性栏的"页面度量"选项中分别设置宽度为 285mm、高度为 115mm，按 Enter 键，页面尺寸显示为设置的大小。双击"矩形"工具 □，绘制一个与页面大小相等的矩形，如图 9-88 所示。设置图形颜色的 CMYK 值为 51、0、100、0，填充图形并去除图形的轮廓线，效果如图 9-89 所示。

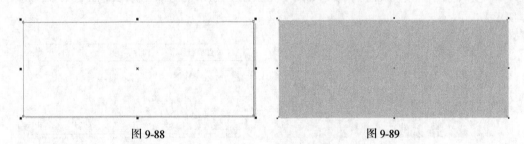

图 9-88　　　　　　　　　　　　　　　图 9-89

（2）选择"矩形"工具 □，绘制一个矩形，设置图形颜色的 CMYK 值为 70、0、100、0，填充图形并去除图形的轮廓线，效果如图 9-90 所示。用相同的方法绘制其他图形并填充适当的颜色，效果如图 9-91 所示。

图 9-90　　　　　　　　　　　　　　　图 9-91

（3）选择"选择"工具 ，选取白色矩形，按 Ctrl+Q 组合键将图形转换为曲线。选择"形状"工具 ，水平向右拖曳左上角的节点到适当的位置，效果如图 9-92 所示。用相同的方法调节其他节点，效果如图 9-93 所示。

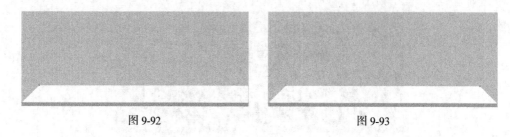

图 9-92　　　　　　　　　　　　　图 9-93

（4）选择"透明度"工具，在属性栏中将"透明度类型"选项设为"标准"，其他选项的设置如图 9-94 所示。按 Enter 键，为图形添加透明度效果，效果如图 9-95 所示。

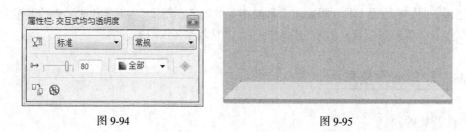

图 9-94　　　　　　　　　　　　　图 9-95

（5）选择"贝塞尔"工具，在适当的位置绘制一条曲线，在"CMYK 调色板"中的"黄"上单击鼠标右键，填充图形的轮廓线，效果如图 9-96 所示。

（6）选择"阴影"工具，在图形中从上向下拖曳光标，为图形添加阴影效果，在属性栏中进行设置，如图 9-97 所示，按 Enter 键，效果如图 9-98 所示。用相同的方法制作其他曲线效果，效果如图 9-99 所示。

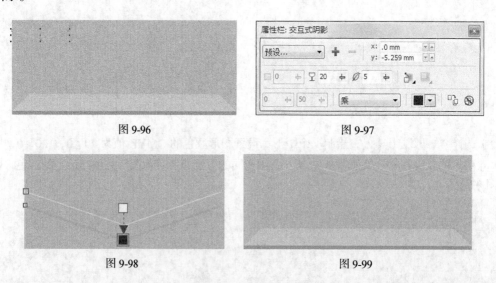

图 9-96　　　　　　　　　　　　　图 9-97

图 9-98　　　　　　　　　　　　　图 9-99

（7）选择"椭圆形"工具，按住 Ctrl 键的同时在适当的位置绘制一个圆形，如图 9-100 所示。按数字键盘上的+键复制图形，按住 Shift 键的同时，向内部拖曳右上角的控制手柄到适当的位置，调整图形大小，效果如图 9-101 所示。

（8）选择"多边形"工具，在属性栏中进行设置，如图 9-102 所示，在适当的位置绘制一个三角形，如图 9-103 所示。单击属性栏中的"垂直镜像"按钮，将图形垂直翻转，效果如图 9-104 所示。

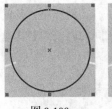
图 9-100

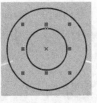
图 9-101

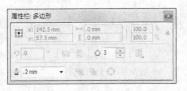
图 9-102

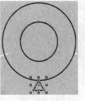
图 9-103

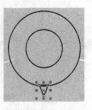
图 9-104

（9）选择"选择"工具，按住 Shift 键的同时，选取需要的图形，如图 9-105 所示。单击属性栏中的"合并"按钮，将多个图形合并成一个图形，设置图形颜色的 CMYK 值为 80、0、100、0，填充图形，并去除图形的轮廓线，效果如图 9-106 所示。

（10）选择"阴影"工具，在图形中从上向下拖曳光标，为图形添加阴影效果，在属性栏中进行设置，如图 9-107 所示，按 Enter 键，效果如图 9-108 所示。

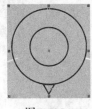
图 9-105

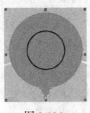
图 9-106

图 9-107

图 9-108

（11）选择"选择"工具，选取需要的图形，如图 9-109 所示，填充为白色并去除图形的轮廓线，效果如图 9-110 所示。

（12）选择"阴影"工具，在图形中从上向下拖曳光标，为图形添加阴影效果，在属性栏中进行设置，如图 9-111 所示，按 Enter 键，效果如图 9-112 所示。

图 9-109

图 9-110

图 9-111

图 9-112

（13）选择"椭圆形"工具，按住 Ctrl 键的同时在适当的位置绘制一个圆形，填充为白色并去除图形的轮廓线，效果如图 9-113 所示。

（14）选择"选择"工具，按数字键盘上的+键复制图形，按住 Shift 键的同时向外部拖曳右上角的控制手柄到适当的位置，调整图形大小，效果如图 9-114 所示。

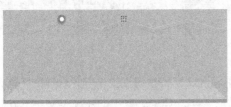

图 9-113

图 9-114

（15）选择"透明度"工具 ，在属性栏中将"透明度类型"选项设为"标准"，其他选项的设置如图 9-115 所示。按 Enter 键，为图形添加透明度效果，效果如图 9-116 所示。用相同的方法绘制其他图形，效果如图 9-117 所示。

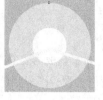
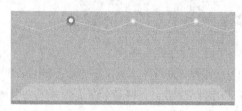

图 9-115   图 9-116   图 9-117

2. 添加并编辑广告文字

（1）选择"矩形"工具 ，绘制一个矩形。在属性栏中进行设置，如图 9-118 所示。设置图形颜色的 CMYK 值为 80、0、100、0，填充图形并去除图形的轮廓线，效果如图 9-119 所示。

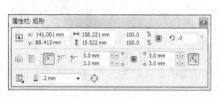
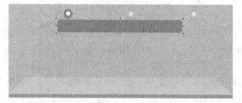

图 9-118   图 9-119

（2）选择"阴影"工具 ，在图形中从上向下拖曳光标，为图形添加阴影效果，在属性栏中进行设置，如图 9-120 所示，按 Enter 键，效果如图 9-121 所示。

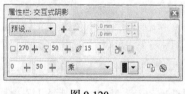

图 9-120   图 9-121

（3）选择"文本"工具 ，在页面中输入文字，在属性栏中选择合适的字体并设置文字大小，填充为白色，效果如图 9-122 所示。选择"形状"工具 ，向左拖曳文字下方的 ，调整文字的字距，效果如图 9-123 所示。

图 9-122   图 9-123

（4）选择"文本"工具 ，在页面中输入文字，在属性栏中选择合适的字体并设置文字大小，填充为白色，效果如图 9-124 所示。选择"形状"工具 ，水平向左拖曳文字下方的 ，调整文字的字距，效果如图 9-125 所示。

图 9-124　　　　　　　　　　　图 9-125

（5）选择"贝塞尔"工具，在适当的位置绘制一个不规则图形，设置图形颜色的 CMYK 值为 0、100、100、0，填充图形并去除图形的轮廓线，效果如图 9-126 所示。

图 9-126

（6）选择"阴影"工具，在图形中从上向下拖曳光标，为图形添加阴影效果，在属性栏中进行设置，如图 9-127 所示，按 Enter 键，效果如图 9-128 所示。

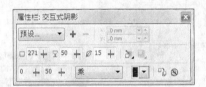

图 9-127　　　　　　　　　　图 9-128

（7）选择"文本"工具，在页面中输入文字，在属性栏中选择合适的字体并设置文字大小，如图 9-129 所示。按 F11 键，弹出"渐变填充"对话框，点选"双色"单选项，将"从"选项颜色的 CMYK 值设为 0、20、100、0，"到"选项颜色的 CMYK 值设为 0、0、100、0，其他选项的设置如图 9-130 所示，单击"确定"按钮，填充文字，效果如图 9-131 所示。

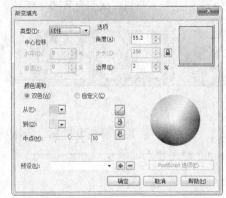

图 9-129　　　　　　　图 9-130　　　　　　　图 9-131

（8）选择"选择"工具，再次单击文字，使文字处于旋转状态，如图 9-132 所示。水平向右拖曳上方中间的控制手柄到适当的位置，将文字倾斜，效果如图 9-133 所示。

（9）选择"阴影"工具，在图形中从上向下拖曳光标，为文字添加阴影效果，在属性栏中进行设置，如图 9-134 所示，按 Enter 键，效果如图 9-135 所示。

图 9-132　　　　　图 9-133　　　　　　　　图 9-134　　　　　　　　图 9-135

（10）选择"文本"工具 字，在页面中输入文字，在属性栏中选择合适的字体并设置文字大小，如图 9-136 所示。按 F11 键，弹出"渐变填充"对话框，点选"双色"单选项，将"从"选项颜色的 CMYK 值设为 0、20、100、0，"到"选项颜色的 CMYK 值设为 0、0、100、0，其他选项的设置如图 9-137 所示，单击"确定"按钮，填充文字，效果如图 9-138 所示。

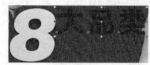

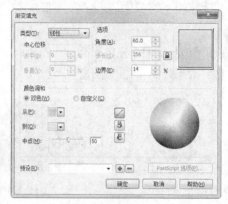

图 9-136　　　　　　　　图 9-137　　　　　　　　　　图 9-138

（11）选择"形状"工具 ，选取需要的文字，向左拖曳文字下方的 ，调整文字的字距，效果如图 9-139 所示。

（12）选择"选择"工具 ，再次单击文字使文字处于旋转状态，如图 9-140 所示。水平向右拖曳上方中间的控制手柄到适当的位置，将文字倾斜，效果如图 9-141 所示。

图 9-139　　　　　　　　图 9-140　　　　　　　　图 9-141

（13）选择"阴影"工具 ，在图形中从上向下拖曳光标，为文字添加阴影效果，在属性栏中进行设置，如图 9-142 所示，按 Enter 键，效果如图 9-143 所示。

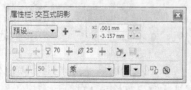

图 9-142　　　　　　　　图 9-143

（14）选择"文本"工具 字，在页面中输入文字，在属性栏中选择合适的字体并设置文字大小，

如图 9-144 所示。按 F11 键，弹出"渐变填充"对话框，点选"双色"单选框，将"从"选项颜色的
CMYK 值设为 0、20、100、0，"到"选项颜色的 CMYK 值设为 0、0、100、0，其他选项的设置如图
9-145 所示，单击"确定"按钮，填充文字，效果如图 9-146 所示。

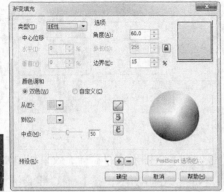

图 9-144   图 9-145   图 9-146

（15）选择"形状"工具，选取需要的文字，向左拖曳文字下方的，调整文字的字距，效果
如图 9-147 所示。

（16）选择"选择"工具，再次单击文字，使文字处于旋转状态，如图 9-148 所示。水平向右拖
曳上方中间的控制手柄到适当的位置，将文字倾斜，效果如图 9-149 所示。

（17）选择"选择"工具，选取文字，按 Ctrl+Q 组合键将图形转换为曲线，效果如图
9-150 所示。

图 9-147   图 9-148

图 9-149   图 9-150

（18）选择"橡皮擦"工具，擦除不需要的图形，效果如图 9-151 所示。选择"基本形状"工具，
单击属性栏中的"完美形状"按钮，在弹出的下拉列表中选择需要的形状，如图 9-152 所示。在适当
的位置拖曳鼠标绘制图形，按 F11 键，弹出"渐变填充"对话框，点选"双色"单选项，将"从"选项
颜色的 CMYK 值设为 0、20、100、0，"到"选项颜色的 CMYK 值设为 0、0、100、0，其他选项的设
置如图 9-153 所示，单击"确定"按钮，填充图形并去除图形的轮廓线，效果如图 9-154 所示。

图 9-151   图 9-152

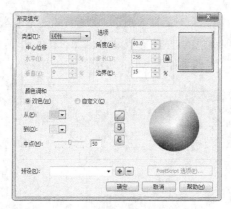

图 9-153　　　　　　　　　　　图 9-154

（19）单击属性栏中的"水平镜像"按钮　，将图形水平翻转，效果如图 9-155 所示。选择"选择"工具　，用圈选的方法选取需要的图形，如图 9-156 所示，按 Ctrl+G 组合键将其群组。

图 9-155　　　　　　　　　　　图 9-156

（20）选择"阴影"工具　，在图形中从上向下拖曳光标为图形添加阴影效果，在属性栏中进行设置，如图 9-157 所示，按 Enter 键，效果如图 9-158 所示。

图 9-157　　　　　　　　　　　图 9-158

（21）选择"文本"工具　，在页面中输入文字，在属性栏中选择合适的字体并设置文字大小，填充为白色，效果如图 9-159 所示。选择"选择"工具　，再次单击文字使其处于旋转状态，如图 9-160 所示。水平向右拖曳上方中间的控制手柄到适当的位置将文字倾斜，效果如图 9-161 所示。

图 9-159　　　　　　　　　　　图 9-160

图 9-161

3. 添加装饰图片

（1）按 Ctrl+I 组合键，弹出"导入"对话框，选择本书学习资源中的"Ch09 > 素材 > 制作网页广告 > 01、02、03"文件，单击"导入"按钮，单击"导入"按钮，在页面中分别单击导入图片，分别将其拖曳到适当的位置，效果如图 9-162 所示。

（2）选择"3 点椭圆形"工具 ，绘制一个椭圆形，填充为黑色并去除图形的轮廓线，效果如图 9-163 所示。用相同的方法绘制其他图形并填充相同的颜色，效果如图 9-164 所示。

图 9-162

图 9-163

图 9-164

（3）选择"选择"工具 ，用圈选的方法选取需要的图形，如图 9-165 所示。按 Ctrl+G 组合键将其群组。选择"位图 > 转换为位图"命令，在弹出的对话框中进行设置，如图 9-166 所示，单击"确定"按钮，效果如图 9-167 所示。

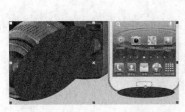

图 9-165

图 9-166

图 9-167

（4）选择"位图 > 模糊 > 高斯式模糊"命令，在弹出的对话框中进行设置，如图 9-168 所示，单击"确定"按钮，效果如图 9-169 所示。

图 9-168

图 9-169

（5）选择"选择"工具 ，连续按 Ctrl+PageDown 组合键，将图形向下移动到适当的位置，效果如图 9-170 所示。

（6）选择"椭圆形"工具 ，按住 Ctrl 键的同时绘制一个圆形，在"CMYK 调色板"中的"黄"上单击鼠标左键，填充图形并去除图形的轮廓线，效果如图 9-171 所示。

图 9-170   图 9-171

（7）选择"透明度"工具，在属性栏中将"透明度类型"选项设为"标准"，其他选项的设置如图 9-172 所示。按 Enter 键，效果如图 9-173 所示。

（8）选择"文本"工具，在页面中输入文字，在属性栏中选择合适的字体并设置文字大小，设置文字颜色的 CMYK 值为 80、0、100、0，填充文字，效果如图 9-174 所示。

（9）选择"形状"工具，选取需要的文字，向左拖曳文字下方的，调整文字的字距，效果如图 9-175 所示。

图 9-172   图 9-173   图 9-174   图 9-175

（10）选择"选择"工具，再次单击文字，使文字处于旋转状态，如图 9-176 所示。水平向右拖曳上方中间的控制手柄到适当的位置，将文字倾斜，效果如图 9-177 所示。

（11）选择"文本"工具，在页面中输入文字，在属性栏中选择合适的字体并设置文字大小，设置文字颜色的 CMYK 值为 80、0、100、0，填充文字，效果如图 9-178 所示。

图 9-176   图 9-177   图 9-178

（12）选择"选择"工具，再次单击文字，使文字处于旋转状态，如图 9-179 所示。水平向右拖曳上方中间的控制手柄到适当的位置将文字倾斜，效果如图 9-180 所示。

图 9-179   图 9-180

（13）选择"文本"工具 字，在页面中输入文字，在属性栏中选择合适的字体并设置文字大小，设置文字颜色的 CMYK 值为 80、0、100、0，填充文字，效果如图 9-181 所示。

（14）选择"选择"工具 ，再次单击文字，使文字处于旋转状态，如图 9-182 所示。水平向右拖曳上方中间的控制手柄到适当的位置将文字倾斜，效果如图 9-183 所示。

图 9-181　　　　　　　　图 9-182　　　　　　　　图 9-183

4. 绘制标志

（1）选择"多边形"工具 ，在属性栏中进行设置，如图 9-184 所示，绘制一个多边形，设置图形颜色的 CMYK 值为 90、62、0、0，填充图形并去除图形的轮廓线，效果如图 9-185 所示。

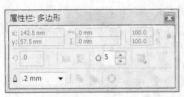

图 9-184　　　　　　　　　　　　　　　图 9-185

（2）选择"形状"工具 ，选取多边形底边中间节点，向内部拖曳节点到适当的位置，调整图形，效果如图 9-186 所示。

（3）选择"贝塞尔"工具 ，绘制一个图形，设置图形颜色的 CMYK 值为 68、0、10、0，填充图形并去除图形的轮廓线，效果如图 9-187 所示。选择"对象 > 图框精确剪裁 > 置于图文框内部"命令，鼠标光标变为黑色箭头，在蓝色多边形上单击，将图片置入矩形框中，效果如图 9-188 所示。

图 9-186　　　　　　　　图 9-187　　　　　　　　图 9-188

（4）选择"文本"工具 字，在适当的位置输入需要的文字，在属性栏中选择合适的字体并设置文字大小，在"CMYK 调色板"中的"黄"上单击鼠标左键，填充文字，效果如图 9-189 所示。

（5）选择"阴影"工具 ，在图形中从上向下拖曳光标为文字添加阴影效果，在属性栏中进行设置，如图 9-190 所示，按 Enter 键，效果如图 9-191 所示。

图 9-189 | 图 9-190 | 图 9-191

（6）选择"文本"工具 字 ，在适当的位置输入需要的文字，在属性栏中选择合适的字体并设置文字大小，填充文字为白色，效果如图 9-192 所示。选择"形状"工具 ，选取需要的文字，向左拖曳文字下方的 ，调整文字的字距，效果如图 9-193 所示。

图 9-192 | 图 9-193

（7）选择"阴影"工具 ，在图形中从上向下拖曳光标为文字添加阴影效果，在属性栏中进行设置，如图 9-194 所示，按 Enter 键，效果如图 9-195 所示。

图 9-194 | 图 9-195

（8）选择"文本"工具 字 ，在页面中输入文字，在属性栏中选择合适的字体并设置文字大小，填充白色，效果如图 9-196 所示。选择"形状"工具 ，选取需要的文字，向左拖曳文字下方的 ，调整文字的字距，效果如图 9-197 所示。

图 9-196 | 图 9-197

（9）选择"阴影"工具 ，在图形中从上向下拖曳光标为文字添加阴影效果，在属性栏中进行设置，如图 9-198 所示，按 Enter 键，效果如图 9-199 所示。网页广告制作完成。

图 9-198 | 图 9-199

课堂练习 1——制作电脑促销广告

练习 1.1　项目背景及要求

1．客户名称
圆正电脑科技

2．客户需求
圆正电脑科技生产的电脑以高质量、高性能得到消费者的广泛认可目前圆正电脑科技最新型号的电脑即将面世，需要为新款电脑的面世制作一款宣传性广告，要求以宣传电脑的配置为主要内容，突出主题。

3．设计要求
（1）广告的画面背景以电脑产品展示为主，突出宣传重点。

（2）画面要求质感丰富，能够体现品牌的品质与质量。

（3）广告整体色调柔和，能够让消费者感受到温馨舒适的氛围。

（4）广告设计整体图文搭配和谐，主次分明，画面整洁大气。

（5）设计规格均为 216mm（宽）×291mm（高），分辨率为 300 dpi。

练习 1.2　项目创意及制作

1．素材资源
图片素材所在位置：本书学习资源中的"Ch09/素材/制作电脑促销广告/01~04"。

文字素材所在位置：本书学习资源中的"Ch09/素材/制作电脑促销广告/文字文档"。

2．作品参考
设计作品参考效果所在位置：本书学习资源中的"Ch09/效果/制作电脑促销广告.cdr"，效果如图 9-200 所示。

图 9-200

3．制作要点

使用图框精确剪裁命令将不规则图形置入矩形中，使用轮廓笔工具和创建轮廓线命令制作文字的多重描边，使用交互式封套工具为文字添加封套效果，使用插入符号命令插入特殊字符，使用艺术笔工具添加装饰图形。

课堂练习2——制作手机广告

练习 2.1　项目背景及要求

1．客户名称

华士电子科技有限公司

2．客户需求

华士电子科技有限公司是一家生产销售通信设备的民营通信科技公司，华士的产品覆盖手机、平板电脑、移动宽带等业务，目前公司推出一款超大屏四核的智能手机，为宣传其最新产品，需要制作广告，广告要求时尚并富有活力。

3．设计要求

（1）广告制作要求突出对手机性能、科技和特色的宣传介绍。

（2）画面要求具有青春时尚的活力元素，能够吸引消费者关注。

（3）文字设计要求具有立体感，色彩艳丽丰富。

（4）以手机图像作为广告的视觉焦点，以达到宣传效果。

（5）设计规格均为 297mm（宽）×210mm（高），分辨率为 300 dpi。

练习 2.2　项目创意及制作

1．素材资源

图片素材所在位置：本书学习资源中的"Ch09/素材/制作手机广告/01"。

文字素材所在位置：本书学习资源中的"Ch09/素材/制作手机广告/文字文档"。

2．作品参考

设计作品参考效果所在位置：本书学习资源中的"Ch09/效果/制作手机广告.cdr"，效果如图 9-201 所示。

图 9-201

3．制作要点

使用导入命令导入背景图片，使用文本工具和阴影工具为文字添加阴影效果，使用表格工具创建表格。

课后习题 1——制作开业庆典广告

习题 1.1 项目背景及要求

1．客户名称

新思奇游乐园

2．客户需求

新思奇游乐园是一家完全自主知识产权的大型高科技主题公园，集 200 多个娱乐项目于一体，可与西方先进的主题公园相媲美。游乐园在秋天即将举办开业酬宾活动，需要制作开业庆典广告，在互联网上进行宣传，广告要求能够吸引大家视线，达到宣传效果。

3．设计要求

（1）广告画面要求绚丽，视觉效果强烈。

（2）广告内容明确，突出活动的宣传。

（3）色彩运用大胆强烈，使用对比强烈的色彩使画面效果具有冲击力。

（4）画面的主要内容应是文字，所以应注重文字的设计。

（5）设计规格均为 210mm（宽）×297mm（高），分辨率为 300dpi。

习题 1.2 项目创意及制作

1．素材资源

图片素材所在位置：本书学习资源中的"Ch09/素材/制作开业庆典广告/01、02"。

文字素材所在位置：本书学习资源中的"Ch09/素材/制作开业庆典广告/文字文档"。

2．作品参考

设计作品参考效果所在位置：本书学习资源中的"Ch09/效果/制作开业庆典广告.cdr"，效果如图 9-202 所示。

图 9-202

3．制作要点

使用艺术笔工具添加装饰图形，使用文本工具和立体化工具制作标题文字，使用椭圆形工具和透明度工具制作阴影图形，使用文本工具添加介绍性文字。

课后习题 2——制作茶叶广告

习题 2.1 项目背景及要求

1．客户名称

尚品堂

2．客户需求

尚品堂是以茶叶闻名，目前推出新一批的乌龙茶，要求设计商场促销宣传海报，能够适用于街头派发、橱窗及公告栏展示。海报以乌龙茶为主题，要求内容表现出乌龙茶带来的清新与纯正的口感。

3．设计要求

（1）广告内容突出新品乌龙茶的主题，形式丰富多样。

（2）画面中要包括茶田、茶具等具有茶文化特色的相关元素。

（3）整体色调以清新淡雅为主，带给人宁神静气的感受。

（4）将主题文字进行设计，与整个画面和谐统一。

（5）设计规格均为 210mm（宽）×285mm（高），分辨率为 300 dpi。

习题 2.2 项目创意及制作

1．素材资源

图片素材所在位置：本书学习资源中的"Ch09/素材/制作茶叶广告/01~03"。

文字素材所在位置：本书学习资源中的"Ch09/素材/制作茶叶广告/文字文档"。

2．作品参考

设计作品参考效果所在位置：本书学习资源中的"Ch09/效果/制作茶叶广告.cdr"，效果如图 9-203 所示。

图 9-203

3．制作要点

使用矩形工具、贝塞尔工具和图框精确剪裁命令制作背景，使用文本、矩形工具、移除前对象和合并命令制作标志，使用文本工具和椭圆形工具添加宣传文字。

9.4 杂志设计——制作时尚杂志封面

9.4.1 项目背景及要求

1．客户名称

时尚生活杂志

2．客户需求

时尚生活杂志是一本关于女性服饰妆容以及护肤技巧介绍的专业杂志。要求进行杂志封面设计，用以杂志的出版发售。由于时尚生活杂志的受众群体多是都市女性，所以杂志封面要针对女性的喜好来进行设计，在封面上充分表现杂志的特色，并赢得消费者的关注。

3．设计要求

（1）封面设计要求运用设计的艺术语言去传达杂志内容信息。

（2）以专业的时尚摄影照片作为封面的背景底图，文字与图片搭配合理，具有美感。

（3）色彩要求围绕照片进行设计搭配，达到舒适自然的效果。

（4）整体的感觉要求时尚，并且体现杂志的专业性。

（5）设计规格均为 210mm（宽）×285mm（高），分辨率为 300 dpi。

9.4.2 项目创意及制作

1．素材资源

图片素材所在位置：本书学习资源中的"Ch09/素材/制作时尚杂志封面/01"。

文字素材所在位置：本书学习资源中的"Ch09/素材/制作时尚杂志封面/文字文档"。

2．设计作品

计作品参考效果所在位置：本书学习资源中的"Ch09/效果/制作时尚杂志封面.cdr"，效果如图 9-204所示。

图 9-204

3. 制作要点

使用文本工具和对象属性泊坞窗添加需要的封面文字，使用转换为曲线命令和形状工具编辑杂志名称，使用刻刀工具分割文字，使用插入符号字符命令插入需要的字符，使用条形码命令添加封面条形码。

9.4.3 案例制作及步骤

（1）按 Ctrl+N 组合键，新建一个 A4 页面。按 Ctrl+I 组合键，弹出"导入"对话框，选择本书学习资源中的"Ch09 > 素材 > 制作时尚杂志封面 > 01 文件"，单击"导入"按钮，在页面中单击导入图片，拖曳到适当的位置并调整其大小，效果如图 9-205 所示。

（2）选择"文本"工具字，在页面中输入需要的文字，选择"选择"工具，在属性栏中选取适当的字体并设置文字大小，填充文字为白色，效果如图 9-206 所示。

图 9-205　　　　　　　　　　　图 9-206

（3）选择"选择"工具，选取文字，按 Ctrl+Q 组合键将文字转换为曲线。放大视图的显示比例。选择"形状"工具，用圈选的方法将需要的节点同时选取，如图 9-207 所示，按 Delete 键将其删除，效果如图 9-208 所示。

（4）选择"形状"工具，分别在"活"图形适当的位置双击鼠标添加节点，如图 9-209 所示，用圈选的方法将需要的节点同时选取，如图 9-210 所示，按 Delete 键将其删除，效果如图 9-211 所示。选取需要的节点，单击属性栏中的"转换为直线"按钮，效果如图 9-212 所示。

图 9-207　　　　　　　　图 9-208　　　　　　　　图 9-209

图 9-210   图 9-211   图 9-212

（5）选择"文本 > 插入符号字符"命令，在弹出"插入字符"面板中选择需要的字符，如图 9-213
所示，拖曳符号字符到图形上适当的位置并调整其大小，在"CMYK 调色板"中的"白"色块上单击
鼠标左键，填充字符并去除字符的轮廓线，如图 9-214 所示。再次单击字符图形，使其处于旋转状态，
旋转图形到适当的角度，效果如图 9-215 所示。

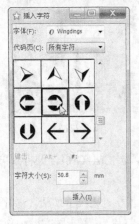

图 9-213   图 9-214   图 9-215

（6）按数字键盘上的+键复制一个字符图形，拖曳图形到适当的位置，调整其大小并旋转到适当
的角度，如图 9-216 所示。选择"选择"工具 ，用圈选的方法同时选取图形，按 Ctrl+G 组合键将其
群组，效果如图 9-217 所示。

图 9-216   图 9-217

（7）选择"矩形"工具 ，在页面外适当的位置拖曳光标绘制一个矩形，设置矩形颜色的 CMYK
值为 0、53、0、0，填充图形并去除图形的轮廓线，效果如图 9-218 所示。

（8）选择"文本"工具 字，在页面中输入需要的文字，选择"选择"工具 ，在属性栏中选取适当的字体并设置文字大小，如图 9-219 所示。分别选取文字"2018，4，79"单击"文本"属性栏中的"粗体"按钮 ，将文字加粗，按 Enter 键，效果如图 9-220 所示。

（9）选择"选择"工具 ，用圈选的方法将文字与图形全部选取，拖曳到页面中适当的位置，调整大小并旋转到适当的位置，效果如图 9-221 所示。

图 9-218

图 9-219

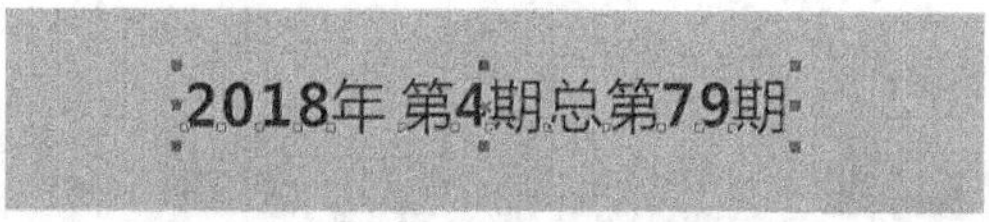

图 9-220

图 9-221

（10）选择"选择"工具 ，用圈选的方法将所有图形全部选取，按 Ctrl+G 组合键将其群组，如图 9-222 所示。

（11）双击"矩形"工具 ，在页面中适当的位置绘制一个与页面大小相等的矩形，如图 9-223 所示，选择"选择"工具 ，选取编组图形，选择"对象 > 图框精确剪裁 > 置于图文框内部"命令，鼠标的光标变为黑色箭头形状，在矩形上单击，如图 9-224 所示，将图片置入矩形中并去除图形的轮廓线，效果如图 9-225 所示。

图 9-222

图 9-223

图 9-224

图 9-225

（12）选择"文本"工具 字，在页面中输入需要的文字，选择"选择"工具 ，在属性栏中选取适当的字体并设置文字大小，设置文字颜色的 CMYK 值为 0、53、0、0，填充文字，效果如图 9-226 所示。

（13）使用相同的方法在页面中输入需要的文字，选择"选择"工具 ，在属性栏中选取适当的字体并设置文字大小，填充适当的颜色并调整其字间距，效果如图 9-227 所示，选取文字"简洁的"，单击"文本"属性栏中的"粗体"按钮 ，将文字加粗，文字效果如图 9-228 所示。

图 9-226 图 9-227 图 9-228

（14）选择"文本"工具 ，在页面中输入需要的文字，选择"选择"工具 ，在属性栏中选取适当的字体并设置文字大小，填充文字为白色，文字效果如图 9-229 所示。

（15）选择"文本"工具 ，在页面中输入需要的文字，选择"选择"工具 ，在属性栏中选取适当的字体并设置文字大小，并适当调整其字间距，填充文字为白色，如图 9-230 所示。使用相同的方法在文字下方输入需要的文字，选择"选择"工具 ，在属性栏中选取适当的字体并设置文字大小，填充文字为白色，如图 9-231 所示。选取文字"玫瑰城堡"，单击"文本"属性栏中的"粗体"按钮 ，将文字设为粗体，效果如图 9-232 所示。

图 9-229 图 9-230 图 9-231 图 9-232

（16）选择"文本"工具 ，在页面中输入需要的文字，选择"选择"工具 ，在属性栏中选取适当的字体设置文字大小并填充适当的颜色，效果如图 9-233 所示。选取文字"冬季女装"，在属性栏中设置适当的文字大小，单击"文本"属性栏中的"粗体"按钮 将文字加粗，文字效果如图 9-234 所示。

（17）使用相同的方法在页面中输入需要的文字，选择"选择"工具 ，在属性栏中选取适当的字体并设置文字大小，效果如图 9-235 所示。

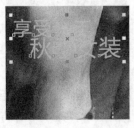 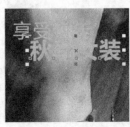 

图 9-233 图 9-234 图 9-235

（18）选择"文本"工具 字，在页面中输入需要的文字，选择"选择"工具 ，在属性栏中选取适当的字体并设置文字大小，填充文字为白色，如图 9-236 所示。选取文字"明星 2018 的期待"，单击"文本"属性栏中的"粗体"按钮 将文字加粗，文字效果如图 9-237 所示。

图 9-236 　　　　　　　　　　　　图 9-237

（19）选择"贝塞尔"工具 ，在适当的位置绘制一个不规则图形，设置矩形颜色的 CMYK 值为 0、53、0、0，填充图形并去除图形的轮廓线，效果如图 9-238 所示。

（20）选择"文本"工具 字，在页面中分别输入需要的文字，选择"选择"工具 ，在属性栏中分别选取适当的字体并设置文字大小并适当调整其字间距，在"CMYK 调色板"中的"白"色块上单击鼠标左键，填充文字，效果如图 9-239 所示。

图 9-238 　　　　　　　　　　　　图 9-239

（21）选择"文本"工具 字，在页面中分别输入需要的文字，选择"选择"工具 ，在属性栏中分别选取适当的字体并设置文字大小并适当调整其字间距，单击"文本"属性栏中的"粗体"按钮 将文字加粗，效果如图 9-240 所示。

（22）选择"阴影"工具 ，在文字对象上由上向下拖曳光标，为图形添加阴影效果，在属性栏中将阴影颜色设为白色，其他选项的设置如图 9-241 所示，按 Enter 键，效果如图 9-242 所示。

（23）选择"文本"工具 字，在页面中分别输入需要的文字，选择"选择"工具 ，在属性栏中分别选取适当的字体并设置文字大小并适当调整其字间距，文字效果如图 9-243 所示。

图 9-240 　　　　　　　　　　　　图 9-241

图 9-242 　　　　　　　　　　　　图 9-243

（24）选择"编辑 > 插入条形码"命令，弹出"条码向导"对话框，对各项选项进行设置，如图 9-244 所示。设置好后，单击"下一步"按钮，在设置区内按需要进行各项设置，如图 9-245 所示。设置好后，单击"下一步"按钮在设置区内按需要进行各项设置，如图 9-246 所示。设置好后，单击"完成"按钮，选择"选择"工具 ，选取条形码，拖曳到页面中适当的位置，调整大小并将其旋转到适当的位置，如图 9-247 所示。时尚杂志封面制作完成。

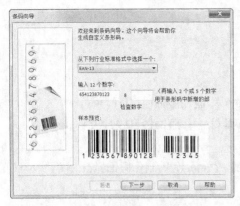

图 9-244

图 9-245

图 9-246

图 9-247

课堂练习 1——制作服饰栏目

练习 1.1　项目背景及要求

1．客户名称
时尚生活杂志

2．客户需求
时尚生活杂志是一本关于女性服饰、妆容以及护肤技巧等方面专业杂志。在时尚杂志中服饰栏目是必不可少的，它介绍当前最流行的服饰及搭配信息。设计要求具有现代感和流行性，符合都市女性的喜好特点。

3．设计要求
（1）画面要求以服饰照片和宣传文字为内容。

（2）栏目名称的设计与封面相呼应，具有统一感。

（3）画面色彩搭配适宜，给人时尚和现代的印象。

（4）设计风格具有特色，版式布局新颖独特，能吸引读者阅读。

（5）设计规格均为 216mm（宽）×303mm（高），分辨率为 300 dpi。

练习 1.2　项目创意及制作

1．素材资源

图片素材所在位置：本书学习资源中的"Ch09/素材/制作服饰栏目/01~13"。

文字素材所在位置：本书学习资源中的"Ch09/素材/制作服饰栏目/文字文档"。

2．作品参考

设计作品参考效果所在位置：本书学习资源中的"Ch09/效果/制作服饰栏目.cdr"，效果如图 9-248 所示。

图 9-248

3．制作要点

使用矩形工具绘制背景，使用文本工具添加栏目标题及内容文字，使用 2 点线工具、轮廓笔工具制作虚线效果。

课堂练习2——制作旅游栏目

练习 2.1　项目背景及要求

1．客户名称

空雨时尚杂志

2．客户需求

空雨时尚杂志包容了最新的旅游、服饰、美食、珠宝等都市女性喜爱和关注的信息。现要设计旅游栏目，其内包含最全和最新的旅游信息，旨在帮助没有出游计划的游客规划最优秀的旅游路线、向读者介绍各种旅行知识、提供一切热门旅行资讯。设计要求符合杂志定位，精练内容新鲜，明确主题。

3．设计要求

（1）画面要求以唯美的风景照为内容。

（2）栏目标题的设计能诠释杂志主要内容，表现杂志特色。

（3）画面色彩搭配适宜，给人清新舒适的印象。

（4）设计风格具有特色，版式布局相对集中，吸引读者阅读。

（5）设计规格均为 216mm（宽）×303mm（高），分辨率为 300 dpi。

练习 2.2　项目创意及制作

1．素材资源

图片素材所在位置：本书学习资源中的"Ch09/素材/制作旅游栏目/01~06"。

文字素材所在位置：本书学习资源中的"Ch09/素材/制作旅游栏目/文字文档"。

2．作品参考

设计作品参考效果所在位置：本书学习资源中的"Ch09/效果/制作旅游栏目.cdr"，效果如图 9-249 所示。

图 9-249

3．制作要点

使用矩形工具、椭圆工具和填充工具制作背景效果，使用导入命令、图框精确剪裁命令导入并编辑图片，使用文本工具添加介绍性文字。

课后习题 1——制作家居栏目

习题 1.1　项目背景及要求

1．客户名称

空雨时尚杂志

2．客户需求

本例是为空雨时尚杂志制作家居栏目。它介绍当季最流行的款式，以及向读者分享最新和得到多数顾客的喜爱的产品。设计要求具有时尚、新潮的特点，符合现代都市人的喜好。

3．设计要求

（1）画面要求以家居照片和介绍文字为内容。

（2）栏目名称的设计与整体画面相呼应，具有统一感。

（3）画面色彩搭配适宜，充满流行和新潮的特点。

（4）设计风格具有特色，版式布局新颖独特，能吸引读者阅读。

（5）设计规格均为210mm（宽）×297mm（高），分辨率为300 dpi。

习题1.2　项目创意及制作

1．素材资源

图片素材所在位置：本书学习资源中的"Ch09/素材/制作家居栏目/01~03"。

文字素材所在位置：本书学习资源中的"Ch09/素材/制作家居栏目/文字文档"。

2．作品参考

设计作品参考效果所在位置：本书学习资源中的"Ch09/效果/制作家居栏目.cdr"，效果如图9-250所示。

图9-250

3．制作要点

使用文本工具添加文字，使用文本属性命令调整文字间距和行距，使用2点线工具、轮廓笔工具制作虚线效果。

课后习题2——制作美食栏目

习题2.1　项目背景及要求

1．客户名称

空雨时尚杂志

2．客户需求

本例是为空雨时尚杂志制美食栏目。食物是人们每日的必需品，在杂志中当然也必不可少。栏目中包括了一周内每天最适合的餐饮及其材料和做法。设计要求能够引起大众食欲且内容详尽，符合都市快节奏的生活特点。

3．设计要求

（1）杂志内页设计以图片为主，选取的图片搭配要舒适自然。

（2）文字设计与图片相迎合，配合图片设计搭配。

（3）整体风格具有美食栏目的特色，使人观看舒适。

（4）设计规格均为216mm（宽）×303mm（高），分辨率为300 dpi。

习题 2.2　项目创意及制作

1．素材资源

图片素材所在位置：本书学习资源中的"Ch09/素材/制作美食栏目/01、02"。

文字素材所在位置：本书学习资源中的"Ch09/素材/制作美食栏目/文字文档"。

2．作品参考

设计作品参考效果所在位置：本书学习资源中的"Ch09/效果/制作美食栏目.cdr"，效果如图 9-251
所示。

图 9-251

3．制作要点

使用导入命令导入素材文件，使用矩形工具、文本工具和阴影工具制作用料标签，使用文本工具
添加栏目介绍文字。

9.5　书籍封面设计——制作旅游攻略书籍封面

9.5.1　项目背景及要求

1．客户名称

文学图书出版社

2．客户需求

文学图书出版社即将出版一本关于旅游的书籍，名字叫作《巴厘岛 Let's go》，目前需要为书籍设
计书籍封面，目的是用于书籍的出版及发售。封面设计要围绕旅游这一主题且能够吸引读者注意。

3．设计要求

（1）书籍封面的设计使用摄影图片为背景素材，注重细节的修饰和处理。

（2）整体色调清新舒适，色彩丰富，搭配自然。

（3）书籍的封面要表现出旅游的放松和舒适的氛围。

（4）设计规格均为 351mm（宽）×246mm（高），分辨率为 300 dpi。

9.5.2　项目创意及制作

1．素材资源

图片素材所在位置：本书学习资源中的"Ch09/素材/制作旅游攻略书籍封面/01~06"。

文字素材所在位置：本书学习资源中的"Ch09/素材/制作旅游攻略书籍封面/文字文档"。

2．设计作品

设计作品参考效果所在位置：本书学习资源中的"Ch09/效果/制作旅游攻略书籍封面.cdr"，效果如图 9-252 所示。

图 9-252

3．制作要点

使用矩形工具和透明度工具制作背景效果，使用椭圆形工具、贝塞尔工具、合并命令和轮廓笔命令制作装饰图形，使用文本工具添加文字，使用形状工具调整文字间的间距。

9.5.3　案例制作及步骤

1．制作封面

（1）按 Ctrl+N 组合键，新建一个页面。在属性栏的"页面度量"选项中分别设置宽度为 351mm，高度为 246mm，按 Enter 键，页面尺寸显示为设置的大小。

（2）选择"视图 > 标尺"命令。在视图中显示标尺，从左侧标尺上拖曳出一条辅助线并将其拖曳到 3mm 的位置。用相同的方法分别在 169mm、181mm、348mm 的位置添加一条辅助线。从上方标尺上拖曳出一条辅助线并将其拖曳到 243mm 的位置。用相同的方法在 3mm 的位置上添加一条辅助线，效果如图 9-253 所示。

（3）双击"矩形"工具 □，绘制一个与页面大小相等的矩形。设置图形填充颜色的 CMYK 值为

60、0、30、0，填充图形并去除图形的轮廓线，效果如图 9-254 所示。

（4）选择"选择"工具 ，按数字键盘上的+键复制图形，拖曳上方中间的控制手柄到适当的位置，设置图形填充颜色的 CMYK 值为 0、0、100、0，填充图形，效果如图 9-255 所示。

图 9-253   图 9-254   图 9-255

（5）按 Ctrl+I 组合键，弹出"导入"对话框，选择本书学习资源中的"Ch09 > 素材 > 制作旅游攻略书籍封面 > 01"文件，单击"导入"按钮，在页面中单击导入图片，并将其拖曳到适当的位置，效果如图 9-256 所示。

（6）选择"透明度"工具 ，在图片上从下向上拖曳光标为图形添加透明效果。在属性栏中进行设置，如图 9-257 所示。按 Enter 键，效果如图 9-258 所示。

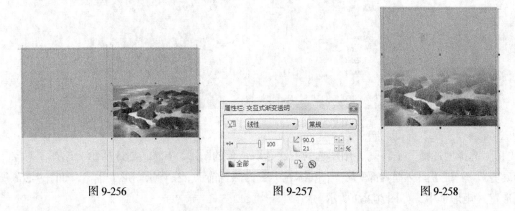

图 9-256   图 9-257   图 9-258

（7）选择"椭圆形"工具 ，按住 Ctrl 键的同时绘制一个圆形，如图 9-259 所示。选择"贝塞尔"工具 ，绘制一个图形，如图 9-260 所示。

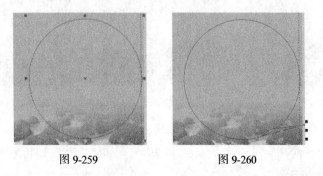

图 9-259   图 9-260

（8）选择"选择"工具 ，用圈选的方法选取需要的图形，单击属性栏中的"合并"按钮 ，将两个图形合并为一个图形，效果如图 9-261 所示。设置图形填充颜色的 CMYK 值为 40、0、20、0，填充图形并去除图形的轮廓线，效果如图 9-262 所示。

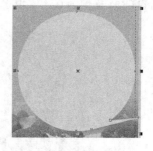

图 9-261   图 9-262

（9）按 F12 键，弹出"轮廓笔"对话框，选项的设置如图 9-263 所示，单击"确定"按钮，效果如图 9-264 所示。

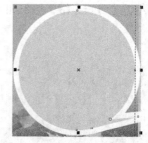

图 9-263   图 9-264

（10）选择"选择"工具 ，用圈选的方法选取需要的图形，如图 9-265 所示。选择"对象 > 图框精确剪裁 > 置于图文框内部"命令，鼠标光标变为黑色箭头，在背景图形上单击，如图 9-266 所示。将图形置入矩形框中，如图 9-267 所示。

图 9-265   图 9-266   图 9-267

（11）选择"文本"工具 字，分别输入需要的文字。选择"选择"工具 ，分别在属性栏中选择适当的字体并设置文字大小，效果如图 9-268 所示。选择文字"Traveler"。选择"文本"工具 字，分别选取需要的文字，填充适当的颜色，效果如图 9-269 所示。按 F12 键，弹出"轮廓笔"对话框，选项的设置如图 9-270 所示，单击"确定"按钮，效果如图 9-271 所示。

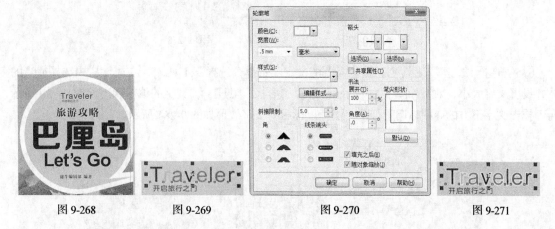

图 9-268　　　　　图 9-269　　　　　　　　图 9-270　　　　　　　　图 9-271

（12）选择"选择"工具，选择文字"开启旅行之门"，填充为白色。选择"形状"工具，文字的编辑状态如图 9-272 所示，向右拖曳文字右侧的图标调整字距，松开鼠标后，文字效果如图 9-273 所示。

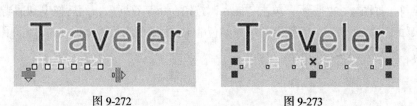

图 9-272　　　　　　　　　　图 9-273

（13）选择"选择"工具，选择文字"巴厘岛"，填充为黄色。选择"形状"工具，使文字处于编辑状态，向左拖曳文字右侧的图标调整字距，松开鼠标后，文字效果如图 9-274 所示。按 F12 键，弹出"轮廓笔"对话框，在"颜色"选项中设置轮廓线颜色的 CMYK 值为 80、0、60、50，其他选项的设置如图 9-275 所示，单击"确定"按钮，效果如图 9-276 所示。

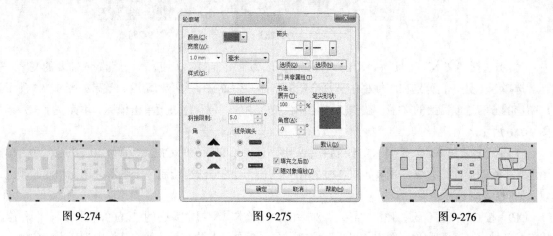

图 9-274　　　　　　　　　　图 9-275　　　　　　　　　图 9-276

（14）选择"阴影"工具，在文字上从上向下拖曳光标，为文字添加阴影效果。在属性栏中进行设置，如图 9-277 所示。按 Enter 键，效果如图 9-278 所示。

图 9-277   图 9-278

（15）选择"文本"工具 字，输入需要的文字。选择"选择"工具 ↖，在属性栏中选择适当的字体并设置文字大小，效果如图 9-279 所示。选择"形状"工具 ↖，文字的编辑状态如图 9-280 所示，向下拖曳文字下方的 ⇕ 图标调整行距，松开鼠标后，文字效果如图 9-281 所示。

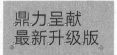
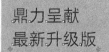

图 9-279   图 9-280   图 9-281

（16）选择"文本 > 插入符号字符"命令，弹出"插入字符"面板，在面板中按需要进行设置并选择需要的字符，如图 9-282 所示。单击"插入"按钮，将字符插入，然后拖曳到适当的位置并调整其大小，效果如图 9-283 所示。设置字符填充颜色的 CMYK 值为 0、100、100、0，填充字符并去除字符的轮廓线，效果如图 9-284 所示。

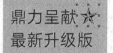
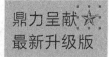

图 9-282   图 9-283   图 9-284

（17）选择"文本"工具 字，单击"将文本更改为垂直方向"按钮 ▥，分别输入需要的文字。选择"选择"工具 ↖，分别在属性栏中选择合适的字体并设置文字大小和角度，效果如图 9-285 所示。用圈选的方法选取需要的文字，在"CMYK 调色板"中的"黄"色块上单击鼠标，填充文字，效果如图 9-286 所示。

（18）选择"贝塞尔"工具 ↘，绘制一个图形。设置填充颜色的 CMYK 值为 40、0、20、0，填充图形并去除图形的轮廓线，效果如图 9-287 所示。用相同的方法再绘制一个图形并填充相同的颜色，效果如图 9-288 所示。

（19）按 Ctrl+I 组合键，弹出"导入"对话框，选择本书学习资源中的"Ch09> 素材 > 制作旅游攻略书籍封面 >02"文件，单击"导入"按钮，在页面中单击导入图片并将其拖曳到适当的位置，效果如图 9-289 所示。

| 图 9-285 | 图 9-286 | 图 9-287 | 图 9-288 | 图 9-289 |

（20）按 Ctrl+I 组合键，弹出"导入"对话框，选择本书学习资源中的"Ch09＞素材＞制作旅游攻略书籍封面＞03、04"文件，单击"导入"按钮，在页面中分别单击导入图片并将其拖曳到适当的位置，效果如图 9-290 所示。

（21）选择"文本"工具 字，单击"将文本更改为水平方向"按钮 ，分别输入需要的文字。选择"选择"工具 ，分别在属性栏中选择合适的字体并设置文字大小，填充适当的颜色，效果如图 9-291 所示。

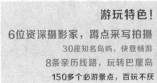

图 9-290   图 9-291

（22）选择"选择"工具 ，用圈选的方法选取需要的文字。按 F12 键，弹出"轮廓笔"对话框，选项的设置如图 9-292 所示，单击"确定"按钮，效果如图 9-293 所示。

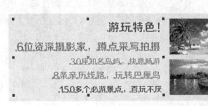

图 9-292   图 9-293

（23）选择"文本＞插入符号字符"命令，弹出"插入字符"面板，在面板中按需要进行设置并选择需要的字符，如图 9-294 所示，单击"插入"按钮，插入字符，然后将字符拖曳到适当的位置并调整其大小，效果如图 9-295 所示。

图 9-294　　　　　　　　　　　　　　　　图 9-295

（24）选择"文本"工具 字，分别输入需要的文字。选择"选择"工具 ，分别在属性栏中选择合适的字体并设置文字大小，效果如图 9-296 所示。选择文字"Literature Publishing House"。选择"形状"工具 ，文字的编辑状态如图 9-297 所示，向左拖曳文字右方的 图标调整字距，松开鼠标后，文字效果如图 9-298 所示。选择"2 点线"工具 ，绘制一条直线，效果如图 9-299 所示。

 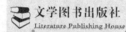  

图 9-296　　　　　　　图 9-297　　　　　　　图 9-298　　　　　　　图 9-299

2．制作封底和书脊

（1）选择"矩形"工具 ，绘制一个矩形，填充图形为白色，并去除图形的轮廓线，效果如图 9-300 所示。

（2）按 Ctrl+I 组合键，弹出"导入"对话框，选择本书学习资源中的"Ch09 > 素材 > 制作旅游攻略书籍封面 > 05"文件，单击"导入"按钮，在页面中单击导入图片并将其拖曳到适当的位置，效果如图 9-301 所示。按 Ctrl+PageDown 组合键将图片向后移动一层，效果如图 9-302 所示。

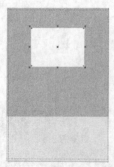  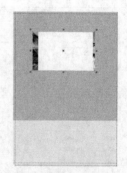

图 9-300　　　　　　　　图 9-301　　　　　　　　图 9-302

（3）选择"对象 > 图框精确剪裁 > 置于图文框内部"命令，鼠标光标变为黑色箭头，在白色矩形上单击，如图 9-303 所示。将图片置入矩形框中，如图 9-304 所示。

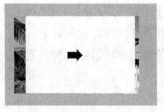

图 9-303 图 9-304

（4）按 F12 键，弹出"轮廓笔"对话框，选项的设置如图 9-305 所示，单击"确定"按钮，效果如图 9-306 所示。

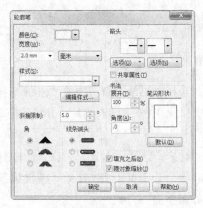

图 9-305 图 9-306

（5）选择"阴影"工具 。在图形上从上向下拖曳光标为文字添加阴影效果。在属性栏中进行设置，如图 9-307 所示。按 Enter 键，效果如图 9-308 所示。

图 9-307 图 9-308

（6）选择"文本"工具 ，输入需要的文字。选择"选择"工具 ，在属性栏中选择合适的字体并设置文字大小，效果如图 9-309 所示。选择"形状"工具 ，文字的编辑状态如图 9-310 所示，向下拖曳文字下方的 图标调整行距，松开鼠标后，文字效果如图 9-311 所示。

图 9-309 图 9-310 图 9-311

（7）选择"文本"工具 字，分别选取需要的文字，填充适当的颜色，效果如图 9-312 所示。输入需要的文字，选择"选择"工具 ，在属性栏中选择合适的字体并设置文字大小，填充为白色，效果如图 9-313 所示。在"CMYK 调色板"中的"黑"色块上单击鼠标右键，为文字添加轮廓线，效果如图 9-314 所示。

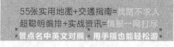

图 9-312　　　　　　　　　　　图 9-313　　　　　　　　　　　图 9-314

（8）按 Ctrl+I 组合键，弹出"导入"对话框，选择本书学习资源中的"Ch09 > 素材 > 制作旅游攻略书籍封面 > 06"文件，单击"导入"按钮，在页面中单击导入图片，并将其拖曳到适当的位置，效果如图 9-315 所示。

（9）选择"文本"工具 字，输入需要的文字。选择"选择"工具 ，在属性栏中选择合适的字体并设置文字大小，效果如图 9-316 所示。选择"形状"工具 ，将文字处于编辑状态，向下拖曳文字下方的 图标调整行距，松开鼠标后，文字效果如图 9-317 所示。

图 9-315　　　　　　　　　　　图 9-316　　　　　　　　　　　图 9-317

（10）选择"矩形"工具 ，绘制一个矩形，设置填充颜色的 CMYK 值为 40、100、0、0，去除图形的轮廓线，效果如图 9-318 所示。连续多次按数字键盘上的+键复制矩形，并分别拖曳到适当的位置，填充适当的颜色，效果如图 9-319 所示。

（11）选择"文本"工具 字，单击"将文本更改为垂直方向"按钮 ，分别输入需要的文字。选择"选择"工具 ，分别在属性栏中选择合适的字体并设置文字大小，填充适当的颜色，效果如图 9-320 所示。

（12）选择"选择"工具 ，选择文字"巴厘岛"。按 F12 键，弹出"轮廓笔"对话框，在"颜色"选项中设置轮廓线颜色的 CMYK 值为 80、0、60、50，其他选项的设置如图 9-321 所示，单击"确定"按钮，效果如图 9-322 所示。

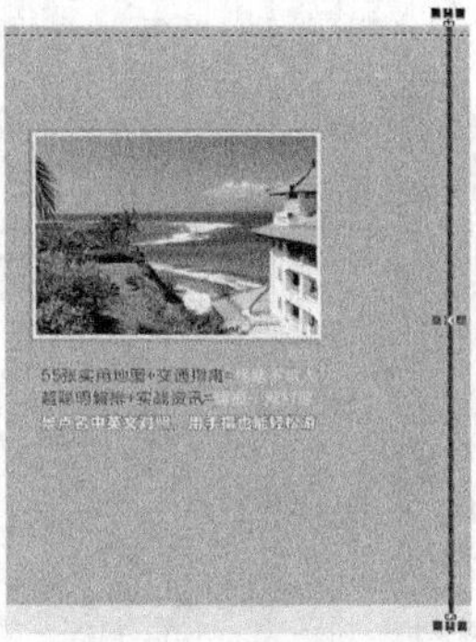

图 9-318

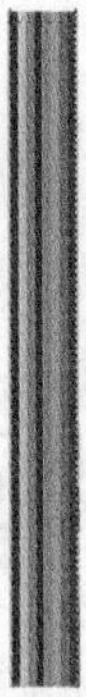

图 9-319

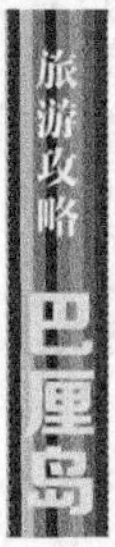

图 9-320

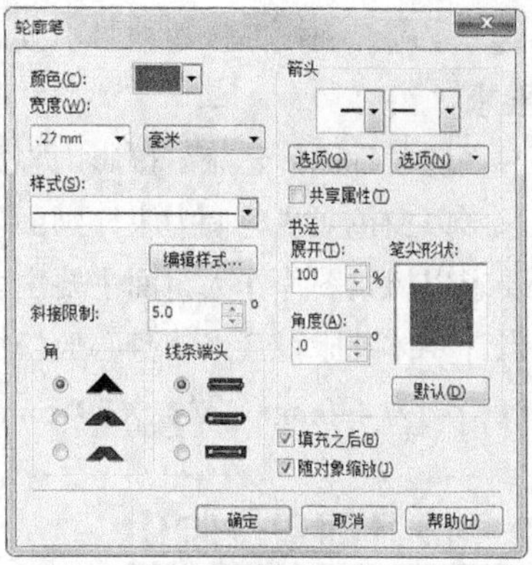

图 9-321

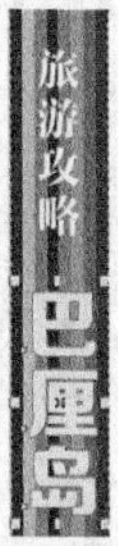

图 9-322

（13）选择“文本”工具字，单击“将文本更改为水平方向”按钮，输入需要的文字。选择“选择”工具，在属性栏中选择合适的字体并设置文字大小和角度，填充为白色，效果如图 9-323 所示。

（14）选择“文本”工具字，单击“将文本更改为垂直方向”按钮，分别输入需要的文字。选择“选择”工具，分别在属性栏中选择合适的字体并设置文字大小，填充适当的颜色，效果如图 9-324 所示。

（15）选择“选择”工具，选取书籍正面需要的图形。按数字键盘上的+键复制图形，并调整其位置和大小，效果如图 9-325 所示。旅游攻略书籍封面制作完成，效果如图 9-326 所示。

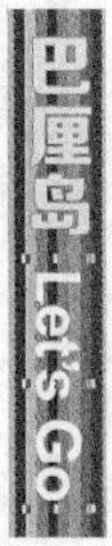

图 9-323

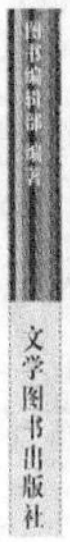

图 9-324

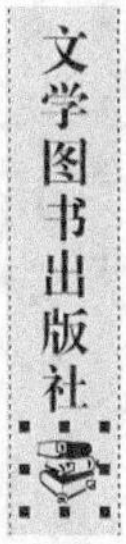

图 9-325

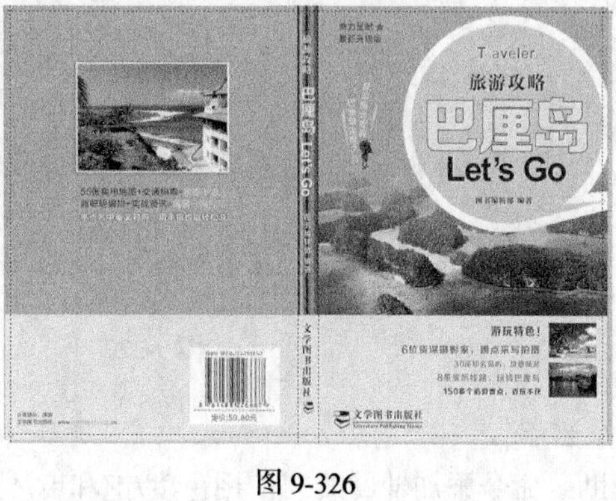

图 9-326

课堂练习 1——制作影随心生书籍封面

练习 1.1 项目背景及要求

1. 客户名称

旭佳图书策划传播有限公司

2. 客户需求

旭佳图书策划传播有限公司是一家专业的图书出版公司。现要求为《影随心生》书籍设计书籍封面，目的是用于书籍的出版及发售，本书的内容是介绍关于旅游摄影的方法和技巧，所以封面设计要围绕旅游摄影这一主题，封面能快速地吸引读者，将书籍内容直观、全面地表现出来。

3．设计要求

（1）书籍封面的设计以传达旅游摄影内容为宗旨，紧贴主题。

（2）封面色彩以白色或浅色调为主，画面要求干净清爽。

（3）设计要求以风景图片作为封面主要内容，明确主题。

（4）整体设计要体现旅行带来的身心放松的感觉。

（5）设计规格均为 440mm（宽）× 297mm（高），分辨率为 300 dpi。

练习 1.2　项目创意及制作

1．素材资源

图片素材所在位置：本书学习资源中的"Ch09/素材/制作影随心生书籍封面/01"。

文字素材所在位置：本书学习资源中的"Ch09/素材/制作影随心生书籍封面/文字文档"。

2．作品参考

设计作品参考效果所在位置：本书学习资源中的"Ch09/效果/制作影随心生书籍封面.cdr"，效果如图 9-327 所示。

图 9-327

3．制作要点

使用辅助线命令添加辅助线，使用色度/饱和度/亮度命令调整背景图片，使用矩形工具和图框精确剪裁命令制作背景效果，使用文本工具添加文字，使用插入条码命令制作书籍条形码。

课堂练习2——制作创意家居书籍封面

练习 2.1　项目背景及要求

1．客户名称

新芽出版社

2．客户需求

《温馨小居》是新芽出版社策划的一本室内家装设计参考手册，书中的内容充满设计感并且具有实用性，能够帮助大家选择适合自己的家居用品。现要求进行书籍封面设计，用于图书的出版及发售，封面设计要符合书中的宣传主题，能体现出实用感和创造性。

3. 设计要求

（1）书籍封面的设计要以家装元素为主导。

（2）设计要求使用家装图片来诠释书籍内容，表现书籍特色。

（3）画面色彩使用要大胆、丰富，充满艺术性。

（4）设计风格具有特色，能够引起人们的关注及阅读兴趣。

（5）设计规格均为 355mm（宽）×240mm（高），分辨率为 300 dpi。

练习 2.2　项目创意及制作

1. 素材资源

图片素材所在位置：本书学习资源中的"Ch09/素材/制作创意家居书籍封面/01~06"。

文字素材所在位置：本书学习资源中的"Ch09/素材/制作创意家居书籍封面/文字文档"。

2. 作品参考

设计作品参考效果所在位置：本书学习资源中的"Ch09/效果/制作创意家居书籍封面.cdr"，效果如图 9-328 所示。

图 9-328

3. 制作要点

使用 2 点线工具、调和工具和图框精确剪裁命令制作背景效果，使用文本工具和渐变填充工具制作文字效果，使用 2 点线工具和椭圆形工具绘制装饰图形。

课后习题 1——制作古城风景书籍封面

习题 1.1　项目背景及要求

1. 客户名称

天下景色出版社

2. 客户需求

天下景色出版社即将出版一本名叫《满镜风古城风景》的书籍，书籍内容主要介绍的是中国的特色古城，介绍古城的历史与风景。要求制作书籍的封面用于书籍的出版及发售，封面要求围绕古城这一主题进行设计。

3. 设计要求

（1）书籍的封面的背景使用一张俯视的风景照片，使画面视野宽广开阔。

（2）字体的设计要符合古城这一特色，要具有中国特色。

（3）色彩搭配舒适淡雅，让人印象深刻。

（4）设计规格均为 351 mm（宽）×246 mm（高），分辨率为 300 dpi。

习题 1.2　项目创意及制作

1. 素材资源

图片素材所在位置：本书学习资源中的"Ch09/素材/制作古城风景书籍封面/01~03"。

文字素材所在位置：本书学习资源中的"Ch09/素材/制作古城风景书籍封面/文字文档"。

2. 作品参考

设计作品参考效果所在位置：本书学习资源中的"Ch09/效果/制作古城风景书籍封面.cdr"，效果如图 9-329 所示。

图 9-329

3. 制作要点

使用辅助线命令添加辅助线，使用透明度工具制作背景图片，使用文本工具和阴影工具制作文字效果，使用钢笔工具和文本工具制作图章，使用椭圆形工具和透明度工具制作装饰图形，使用插入条码命令制作书籍条形码。

课后习题 2——制作药膳书籍封面

习题 2.1　项目背景及要求

1. 客户名称

丽艺出版社

2. 客户需求

《药膳养生》是丽艺出版社出版的一本养生类的书籍，书的内容是介绍如何正确运用药材及食物更好地调养身体，在满足味蕾的同时提供身体所需的养分，能够有更多的精力使生活和工作更加得心应手。在设计上要通过对书名的设计和其他图形的编排，制作出醒目且不失活泼的封面。

3．设计要求
（1）使用白色的背景作为书籍封面的背景。
（2）字体的设计具有温润饱满的感觉，能够体现出食物带来精气神饱满的感觉。
（3）色彩的搭配舒适，风格独特。
（4）设计规格均为 440mm（宽）×297mm（高），分辨率为 300 dpi。

习题 2.2　项目创意及制作

1．素材资源
图片素材所在位置：本书学习资源中的"Ch09/素材/制作药膳书籍封面/01~02"。
文字素材所在位置：本书学习资源中的"Ch09/素材/制作药膳书籍封面/文字文档"。

2．作品参考
设计作品参考效果所在位置：本书学习资源中的"Ch09/效果/制作药膳书籍封面.cdr"，效果如图 9-330 所示。

图 9-330

3．制作要点
使用转换为位图命令和高斯式模糊命令制作文字阴影，使用色度/饱和度/亮度命令调整图片饱和度，使用文本工具添加文字，使用对齐和分布命令调整图片位置，使用贝塞尔工具绘制不规则图形。

9.6　包装设计——制作婴儿奶粉包装

9.6.1　项目背景及要求

1．客户名称
宝宝食品有限公司

2．客户需求
宝宝食品是一家制作婴幼儿配方食品的专业品牌，精选优质原料，生产国际水平的产品，得到消费者的广泛认可，目前推出了最新研制的益生菌营养米粉，需要为该产品制作一款包装，包装设计要求体现产品特色，展现品牌形象。

3．设计要求

（1）包装风格要求简单干净，使消费者感到放心。

（2）突出宣传重点，使用可爱儿童照片为包装素材。

（3）设计要求使用文字效果，在画面中突出显示。

（4）整体效果要求具有温馨可爱的画面感。

（5）设计规格均为 250mm（宽）×300mm（高），分辨率为 300 dpi。

9.6.2　项目创意及制作

1．素材资源

图片素材所在位置：本书学习资源中的"Ch09/素材/制作婴儿奶粉包装/01"。

文字素材所在位置：本书学习资源中的"Ch09/素材/制作婴儿奶粉包装/文字文档"。

2．设计作品

设计作品参考效果所在位置：本书学习资源中的"Ch09/效果/制作婴儿奶粉包装.cdr"，效果如图 9-331 所示。

图 9-331

3．制作要点

使用贝塞尔工具、文本工具、形状工具、网状填充工具和阴影工具制作装饰图形和文字，使用渐变填充工具和矩形工具制作文字效果，使用渐变填充工具、椭圆形工具和透明度工具制作包装展示图。

9.6.3　案例制作及步骤

1．制作奶粉罐

（1）按 Ctrl+N 组合键，新建一个页面，在属性栏的"页面度量"选项中分别设置宽度为 250mm，高度为 300mm，按 Enter 键，页面尺寸显示为设置的大小。

（2）选择"矩形"工具 □，绘制一个矩形，如图 9-332 所示。在属性栏中进行设置，如图 9-333 所示，按 Enter 键，效果如图 9-334 所示。

扫 码 观 看
本案例视频

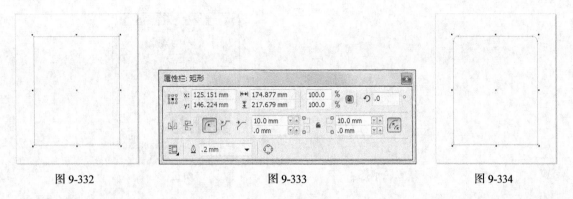

图 9-332　　　　　　　　　图 9-333　　　　　　　　　图 9-334

（3）选择"椭圆形"工具 ，绘制一个椭圆形，如图 9-335 所示。选择"选择"工具 ，用圈选的方法将矩形和椭圆形同时选取，单击属性栏中的"合并"按钮 ，将两个图形合并为一个图形，效果如图 9-336 所示。

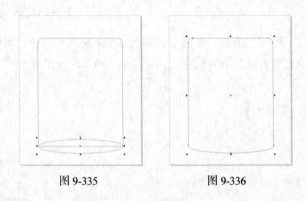

图 9-335　　　　　　　　　图 9-336

（4）选择"贝塞尔"工具 ，绘制一个图形，如图 9-337 所示。选择"网状填充"工具 ，在属性栏中进行设置，如图 9-338 所示，按 Enter 键，效果如图 9-339 所示。

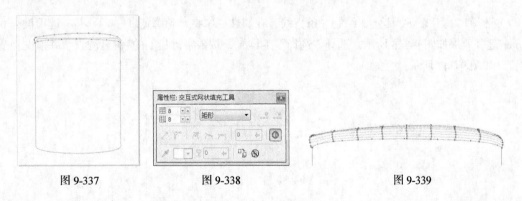

图 9-337　　　　　　　　　图 9-338　　　　　　　　　图 9-339

（5）选择"网状填充"工具 ，用圈选的方法选取需要的节点，如图 9-340 所示。选择"窗口 > 泊坞窗 > 彩色"命令，弹出"颜色"对话框，设置需要的颜色，如图 9-341 所示。单击"填充"按钮，效果如图 9-342 所示。用相同的方法选取其他节点，分别填充适当的颜色并去除图形的轮廓线，效果如图 9-343 所示。

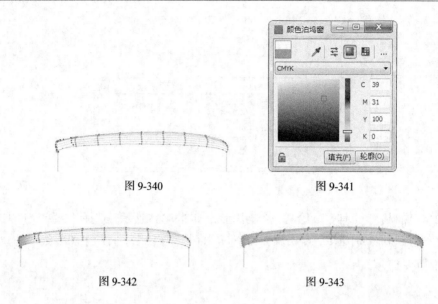

图 9-340   图 9-341

图 9-342   图 9-343

（6）选择"贝塞尔"工具 ，绘制一个图形，如图 9-344 所示。选择"网状填充"工具，用上述方法对图形进行网格填充并去除图形的轮廓线，效果如图 9-345 所示。

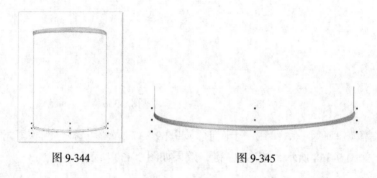

图 9-344   图 9-345

（7）选择"2 点线"工具 ，绘制一条直线，在属性栏中将"轮廓宽度" .2 mm 选项设为 0.1，按 Enter 键，效果如图 9-346 所示。选择"选择"工具 ，按数字键盘上的+键复制直线并拖曳到适当的位置，如图 9-347 所示。

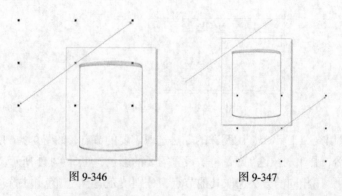

图 9-346   图 9-347

（8）选择"调和"工具 ，在两条直线之间拖曳鼠标应用调和。在属性栏中的设置如图 9-348 所示，按 Enter 键，效果如图 9-349 所示。

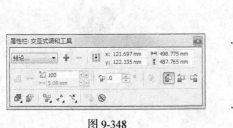
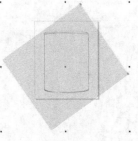

图 9-348   图 9-349

（9）选择"透明度"工具 $\square$，在图形上从左向右拖曳光标，为图形添加透明度效果。在属性栏中进行设置，如图 9-350 所示，按 Enter 键，效果如图 9-351 所示。

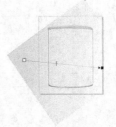

图 9-350   图 9-351

（10）选择"选择"工具 $\square$，在"CMYK 调色板"中"10%黑"色块上单击鼠标右键，填充调和直线，效果如图 9-352 所示。按 Shift+PageDown 组合键将调和图形向后移到最底层。

（11）选择"对象 > 图框精确剪裁 > 置于图文框内部"命令，鼠标光标变为黑色箭头，在瓶身上单击，如图 9-353 所示。将调和图形置入瓶身中，效果如图 9-354 所示。

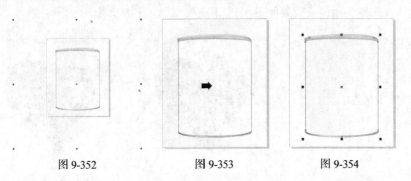

图 9-352   图 9-353   图 9-354

2. 添加商标和名称

（1）按 Ctrl+I 组合键，弹出"导入"对话框，选择本书学习资源中的"Ch09 > 素材 > 制作婴儿奶粉包装 > 01"文件，单击"导入"按钮，在页面中单击导入图片，将其拖曳到适当的位置，效果如图 9-355 所示。

（2）选择"贝塞尔"工具 $\square$，绘制一个图形，如图 9-356 所示。在"CMYK 调色板"中"红"色块上单击鼠标，填充图形并去除图形的轮廓线，效果如图 9-357 所示。

（3）选择"选择"工具 $\square$，按数字键盘上的+键复制图形并调整其大小，效果如图 9-358 所示。

图 9-355　　　　　　图 9-356　　　　　　图 9-357　　　　　　图 9-358

（4）选择"阴影"工具 ，在图形上从上向下拖曳光标为图形添加阴影效果。在属性栏中进行设置，如图 9-359 所示，按 Enter 键，效果如图 9-360 所示。

图 9-359　　　　　　　　　　　　　　　图 9-360

（5）选择"选择"工具，在"CMYK 调色板"中"白"色块上单击鼠标，填充图形，效果如图 9-361 所示。按 Ctrl+PageDown 组合键将图形向后移动一层，效果如图 9-362 所示。

（6）选择"文本"工具 字，输入需要的文字。选择"选择"工具，在属性栏中选取适当的字体并设置文字大小，填充为白色，效果如图 9-363 所示。

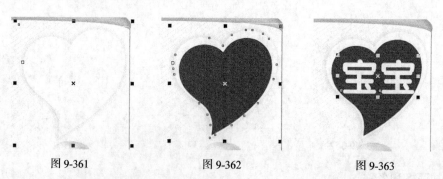

图 9-361　　　　　　　图 9-362　　　　　　图 9-363

（7）按 Ctrl+Q 组合键将文字转曲。选择"形状"工具，用圈选的方法选取需要的节点，如图 9-364 所示。水平向右拖曳到适当的位置，效果如图 9-365 所示。用相同的方法调整其他节点，文字效果如图 9-366 所示。

图 9-364　　　　　　图 9-365　　　　　　图 9-366

（8）选择"选择"工具 ，选择红色心形图形。按数字键盘上的+键复制图形。按 Shift+PageUp
组合键将复制的图形向前移动到最顶层，效果如图 9-367 所示。在"CMYK 调色板"中"黄"色块上
单击鼠标，填充图形并调整其位置和大小，效果如图 9-368 所示。用相同的方法制作其他心形图形并
填充为黄色，效果如图 9-369 所示。

图 9-367 图 9-368 图 9-369

（9）选择"文本"工具 ，输入需要的文字。选择"选择"工具 ，在属性栏中选取适当的字体
并设置文字大小，效果如图 9-370 所示。选择"形状"工具 ，文字的编辑状态如图 9-371 所示，向
左拖曳文字下方的 图标调整字距，松开鼠标后，效果如图 9-372 所示。

图 9-370 图 9-371 图 9-372

（10）选择"渐变填充"工具 ，弹出"渐变填充"对话框，点选"自定义"单选项，在"位置"
选项中分别添加并输入 0、58、100 几个位置点，单击右下角的"其它"按钮，分别设置几个位置点颜
色的 CMYK 值为 0（100、100、0、0）、58（100、0、0、0）、100（100、100、0、0），其他选项的设
置如图 9-373 所示，单击"确定"按钮，填充文字，效果如图 9-374 所示。

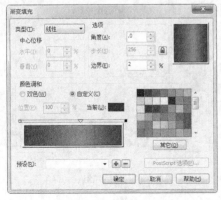

图 9-373 图 9-374

（11）按 F12 键，弹出"轮廓笔"对话框，在"颜色"选项中设置轮廓线颜色为白色，其他选项

的设置如图 9-375 所示，单击"确定"按钮，效果如图 9-376 所示。

图 9-375　　　　　　　　　　　　　　图 9-376

（12）选择"阴影"工具 ，在文字上从上向下拖曳光标为文字添加阴影效果。在属性栏中将"阴影颜色"选项的 CMYK 值设为 100、0、0、0，其他选项的设置如图 9-377 所示，按 Enter 键，效果如图 9-378 所示。

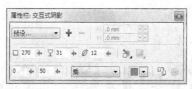

图 9-377　　　　　　　　　　　　　　图 9-378

（13）选择"2 点线"工具 ，绘制一条直线，如图 9-379 所示。按 F12 键，弹出"轮廓笔"对话框，在"颜色"选项中设置轮廓线颜色的 CMYK 值为 0、40、60、20，其他选项的设置如图 9-380 所示，单击"确定"按钮，效果如图 9-381 所示。按 Ctrl+PageDown 组合键将直线向下移动一层，效果如图 9-382 所示。

图 9-379　　　　　　　图 9-380　　　　　　　图 9-381　　　　　　　图 9-382

（14）选择"矩形"工具 ，绘制一个矩形，如图 9-383 所示。选择"渐变填充"工具 ，弹出"渐变填充"对话框，点选"自定义"单选框，在"位置"选项中分别添加并输入 0、50、100 几个位置点，单击右下角的"其它"按钮，分别设置几个位置点颜色的 CMYK 值为 0（100、100、0、0）、

50（100、0、0、0）、100（100、100、0、0），其他选项的设置如图 9-384 所示，单击"确定"按钮，填充图形并去除图形的轮廓线，效果如图 9-385 所示。

图 9-383 图 9-384 图 9-385

（15）选择"文本"工具 字，输入需要的文字。选择"选择"工具 ，在属性栏中选取适当的字体并设置文字大小，效果如图 9-386 所示。选择"形状"工具 ，文字的编辑状态如图 9-387 所示，向左拖曳文字下方的 图标调整字距，松开鼠标后，效果如图 9-388 所示。在"CMYK 调色板"中的"白"色块上单击鼠标，填充文字，效果如图 9-389 所示。

图 9-386 图 9-387 图 9-388 图 9-389

（16）选择"选择"工具 ，选择需要的图形，如图 9-390 所示。按数字键盘上的+键复制图形，水平向下拖曳到适当的位置，效果如图 9-391 所示。

（17）选择"文本"工具 字，输入需要的文字。选择"选择"工具 ，在属性栏中选取适当的字体并设置文字大小，设置文字颜色的 CMYK 值为 100、0、0、0，填充文字，效果如图 9-392 所示。

图 9-390 图 9-391 图 9-392

3. 添加宣传图形和文字

（1）选择"星形"工具 ，在属性栏中进行设置，如图 9-393 所示。按住 Ctrl 键的同时拖曳光标绘制图形，设置图形颜色的 CMYK 值为 100、0、0、0，填充图形并去除图形的轮廓线，效果如图 9-394 所示。在属性栏中将"旋转角度" 选项设为 9，按 Enter 键，效果如图 9-395 所示。

扫码观看
本案例视频

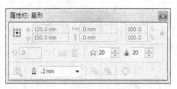

图 9-393   图 9-394   图 9-395

（2）选择"选择"工具 ，按数字键盘上的+键复制图形。设置图形颜色的 CMYK 值为 100、100、0、0，填充图形，效果如图 9-396 所示。在属性栏中将"旋转角度" 选项设为 0，按 Enter 键，效果如图 9-397 所示。

（3）选择"椭圆形"工具 ，按住 Ctrl 键的同时在适当的位置拖曳光标绘制一个圆形，设置图形颜色的 CMYK 值为 0、0、100、0，填充图形并去除图形的轮廓线，效果如图 9-398 所示。

图 9-396   图 9-397   图 9-398

（4）选择"透明度"工具 ，在图形上从右上方向左下方拖曳光标，为图形添加透明度效果。在属性栏中进行设置，如图 9-399 所示，按 Enter 键，效果如图 9-400 所示。

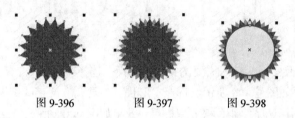

图 9-399   图 9-400

（5）选择"文本"工具 ，输入需要的文字。选择"选择"工具 ，在属性栏中选取适当的字体。选择"文本"工具 ，分别选取需要的文字，调整其大小，效果如图 9-341 所示。设置文字颜色的 CMYK 值为 0、0、100、0，填充文字，效果如图 9-342 所示。

（6）选择"形状"工具 ，文字的编辑状态如图 9-343 所示，向左拖曳文字下方的 图标调整字距，松开鼠标后，效果如图 9-344 所示。

图 9-341   图 9-342   图 9-343   图 9-344

（7）选择"文本"工具 ，输入需要的文字。选择"选择"工具 ，在属性栏中选取适当的字体并设置文字大小，设置文字颜色的 CMYK 值为 100、0、0、0，填充文字，效果如图 9-345 所示。选择"形状"工具 ，文字的编辑状态如图 9-346 所示，向下拖曳文字下方的 图标调整行距，松开鼠标后，效果如图 9-347 所示。

图 9-345　　　　　　　　图 9-346　　　　　　　　图 9-347

（8）选择"椭圆形"工具○，按住 Ctrl 键的同时在适当的位置拖曳光标绘制一个圆形，设置图形颜色的 CMYK 值为 100、100、0、0，填充图形并去除图形的轮廓线，效果如图 9-348 所示。

（9）选择"文本 > 插入符号字符"命令，弹出"插入字符"面板，按需要进行设置并选择需要的字符，如图 9-349 所示，单击"插入"按钮，插入字符。选择"选择"工具，拖曳到适当的位置并调整其大小，效果如图 9-350 所示，填充为白色并去除图形的轮廓线，效果如图 9-351 所示。

（10）选择"选择"工具，用圈选的方法选取需要的图形，按 Ctrl+G 组合键将其群组。连续两次单击数字键盘上的+键复制图形并分别垂直向下拖曳到适当的位置，效果如图 9-352 所示。

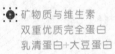

图 9-348　　　　图 9-349　　　　图 9-350　　　　图 9-351　　　　图 9-352

（11）选择"贝塞尔"工具，绘制一个图形，如图 9-353 所示。选择"渐变填充"工具，弹出"渐变填充"对话框，点选"自定义"单选项，在"位置"选项中分别添加并输入 0、54、100 几个位置点，单击右下角的"其它"按钮，分别设置几个位置点颜色的 CMYK 值为 0（100、0、0、0）、54（60、0、0、0）、100（100、0、0、0），其他选项的设置如图 9-354 所示，单击"确定"按钮，填充图形，效果如图 9-355 所示。多次按 Ctrl+PageDown 组合键将图形向下移动到适当的位置，效果如图 9-356 所示。

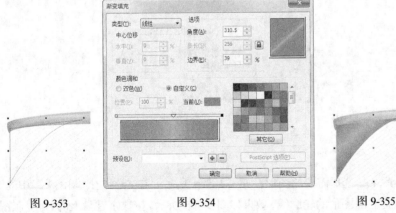
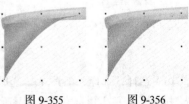

图 9-353　　　　　　　图 9-354　　　　　　　图 9-355　　　　图 9-356

（12）选择"椭圆形"工具 ⬭，按住 Ctrl 键的同时在适当的位置拖曳光标绘制一个圆形，设置图形颜色的 CMYK 值为 100、0、0、0，填充图形，效果如图 9-357 所示。

（13）按 F12 键，弹出"轮廓笔"对话框，在"颜色"选项中设置轮廓线颜色为白色，其他选项的设置如图 9-358 所示，单击"确定"按钮，效果如图 9-359 所示。

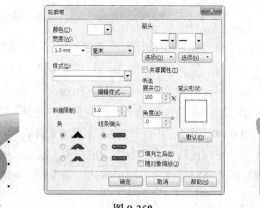

图 9-357　　　　　　　　　　　图 9-358　　　　　　　　　　　图 9-359

（14）选择"阴影"工具 ▱，在文字上从上向下拖曳光标，为图形添加阴影效果。在属性栏中将"阴影颜色"选项的 CMYK 值设为 0、0、100、0，其他选项的设置如图 9-360 所示，按 Enter 键，效果如图 9-361 所示。

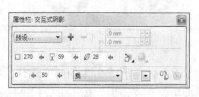

图 9-360　　　　　　　　　　　图 9-361

（15）选择"文本"工具 字，分别输入需要的文字。选择"选择"工具 ▯，分别在属性栏中选取适当的字体并设置文字大小，填充为白色，效果如图 9-362 所示。用上述方法制作右下角的图形和文字并填充适当的颜色，效果如图 9-363 所示。

图 9-362　　　　　　　　　　　图 9-363

（16）选择"选择"工具 ▯，选择需要的图形，如图 9-364 所示。在"CMYK 调色板"中的"无填充"按钮 ⊠ 上单击鼠标右键去除图形的轮廓线，效果如图 9-365 所示。按数字键盘上的 +键复制图形。

按 Shift+PageUp 组合键将图形向前移动到最顶层。

图 9-364   图 9-365

（17）选择"渐变填充"工具 ，弹出"渐变填充"对话框，点选"自定义"单选框，在"位置"
选项中分别添加并输入 0、4、12、30、50、54、65、82、100 几个位置点，单击右下角的"其它"按钮，
分别设置几个位置点颜色的 CMYK 值为 0（0、0、0、30）、4（0、0、0、10）、12（0、0、0、0）、30
（0、0、0、0）、50（0、0、0、30）、54（0、0、0、30）、65（0、0、0、0）、82（0、0、0、0）、100（0、
0、0、40），其他选项的设置如图 9-366 所示，单击"确定"按钮，填充图形，效果如图 9-367 所示。

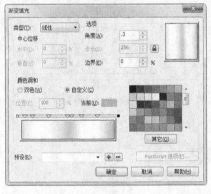 

图 9-366   图 9-367

（18）选择"透明度"工具 ，在属性栏中将"透明度类型"选项设为"标准"，其他选项的设置
如图 9-368 所示，按 Enter 键，效果如图 9-369 所示。

图 9-368   图 9-369

（19）选择"选择"工具 ，选取需要的图形，如图 9-370 所示。按 Shift+PageUp 组合键将图形
向前移动到最顶层，效果如图 9-371 所示。

图 9-370　　　　　　　　　　　图 9-371

（20）选择"椭圆形"工具 ，绘制一个椭圆形，设置图形颜色的 CMYK 值为 0、0、0、20，填充图形并去除图形的轮廓线，效果如图 9-372 所示。按 Shift+PageDown 组合键将图形向下移动到最底层，效果如图 9-373 所示。婴儿奶粉包装制作完成。

图 9-372　　　　　　　　　　　图 9-373

课堂练习 1——制作红豆包装

练习 1.1　项目背景及要求

1．客户名称
谷饼香食品有限公司

2．客户需求
谷饼香食品有限公司是一家经营各类谷物和谷物为原料所制食品的公司，要求制作一款针对最新推出的红豆的外包装设计，本公司要求传达出红豆颗粒饱满、品质上乘的特点，并且包装要画面丰富，能够快速地吸引消费者的注意。

3．设计要求
（1）包装的风格以高端大气为主，突出对品牌文化的宣传。

（2）画面主要使用红豆图片为主，明确主题。

（3）包装的色彩以红白色搭配为主。

（4）设计规格均为 500mm（宽）×300mm（高），分辨率为 300 dpi。

练习 1.2　项目创意及制作

1．素材资源

图片素材所在位置：本书学习资源中的"Ch09/素材/制作红豆包装/01"。

文字素材所在位置：本书学习资源中的"Ch09/素材/制作红豆包装/文字文档"。

2．作品参考

设计作品参考效果所在位置：本书学习资源中的"Ch09/效果/制作红豆包装.cdr"，效果如图 9-374 所示。

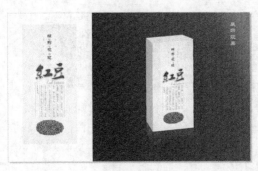

图 9-374

3．制作要点

使用渐变填充工具、2 点线工具和调和工具制作背景效果，使用文本工具添加装饰文字，使用轮廓笔命令制作产品名称，使用贝塞尔工具和透明度工具制作包装展示效果。

课堂练习 2——制作月饼包装

练习 2.1　项目背景及要求

1．客户名称

佳节食品有限公司

2．客户需求

佳节食品有限公司是一家以经营糕点甜品为主的食品公司，在中秋节即将到来之际，公司生产了一款月饼，要求设计月饼的外包装，月饼是中国的传统食品，包装要求既要符合传统特色，又要具有创新。

3．设计要求

（1）包装封面使用自然美景的摄影照片，使画面看起来清新自然。

（2）封面多使用黄色和红色作为搭配，使人感到温暖舒适。

（3）整体风格贴近传统，通过包装的独特风格来吸引消费者的注意。

（4）设计规格均为 169mm（宽）×232mm（高），分辨率为 300 dpi。

练习 2.2　项目创意及制作

1．素材资源

图片素材所在位置：本书学习资源中的"Ch09/素材/制作月饼包装/01~05"。

文字素材所在位置：本书学习资源中的"Ch09/素材/制作月饼包装/文字文档"。

2．作品参考

设计作品参考效果所在位置：本书学习资源中的"Ch09/效果/制作月饼包装.cdr"，效果如图 9-375 所示。

图 9-375

3．制作要点

使用渐变填充工具制作背景渐变，使用导入命令、透明度工具和图框精确剪裁命令制作背景花纹，使用阴影工具制作圆形装饰图形的发光效果，使用字符格式化面板调整文字间距。

课后习题 1——制作橙汁包装盒

习题 1.1　项目背景及要求

1．客户名称

味鲜美食品百货

2．客户需求

味鲜美食品百货是一家专业从事纯正果汁饮料的企业。由不同的水果不同的配方和制造工艺生产出来，果汁饮料的品种多样，口味丰富。本案例是为食品公司制作的橙汁饮料包装设计，要求品牌名称突出，画面醒目直观，能显示最新的饮料口味。

3．设计要求

（1）包装风格要求体现出果汁环保纯正的特色。

（2）以卡通插画的形式表现主体图片。

（3）设计要求简洁大气，图文搭配编排合理，视觉效果强烈。

（4）以真实简洁的方式向观者传达信息内容。

（5）设计规格均为 210mm（宽）×297mm（高），分辨率为 300 dpi。

习题 1.2　项目创意及制作

1. 素材资源

图片素材所在位置：本书学习资源中的"Ch09/素材/制作橙汁包装盒/01"。

2. 作品参考

设计作品参考效果所在位置：本书学习资源中的"Ch09/效果/制作橙汁包装盒.cdr"，效果如图 9-376 所示。

图 9-376

3. 制作要点

使用矩形工具、形状工具和立体化工具制作包装结构图，使用添加透视命令制作透视效果。

课后习题 2——制作牛奶包装

习题 2.1　项目背景及要求

1. 客户名称

MILK 食品有限公司

2. 客户需求

MILK 食品是集食品生产、销售于一体的食品有限公司。公司现在新推出一款纯牛奶饮品，需要设计包装。要求包装风格清新，表现公司的品质和绿色食品的理念。

3. 设计要求

（1）包装设计要求色彩鲜艳，具有趣味性。

（2）运用奶牛的卡通形象，表现出牛奶的新鲜、绿色环保等特性。

（3）要求将文字进行具有特色的设计，给消费者以很深的视觉印象。

（4）设计规格均为 210mm（宽）×297mm（高）。

习题 2.2　项目创意及制作

1．素材资源

图片素材所在位置：本书学习资源中的"Ch09/素材/制作牛奶包装/01~03"。

文字素材所在位置：本书学习资源中的"Ch09/素材/制作牛奶包装/文字文档"。

2．作品参考

设计作品参考效果所在位置：本书学习资源中的"Ch09/效果/制作牛奶包装.cdr"，效果如图 9-377 所示。

图 9-377

3．制作要点

使用贝塞尔工具和渐变工具绘制瓶身，使用矩形工具和图框精确剪裁命令制作瓶盖，使用椭圆形工具和贝塞尔工具制作标志和标签。